低维纳米材料中量子比特性质

孙　勇　著

东北大学出版社
·沈　阳·

图书在版编目（CIP）数据

低维纳米材料中量子比特性质 / 孙勇著. — 沈阳 ：
东北大学出版社，2021. 10

ISBN 978-7-5517-2797-6

Ⅰ. ①低… Ⅱ. ①孙… Ⅲ. ①纳米材料—研究 Ⅳ.
①TB383

中国版本图书馆 CIP 数据核字（2021）第 209213 号

出 版 者：东北大学出版社
地址：沈阳市和平区文化路三号巷 11 号
邮编：110819
电话：024-83680176（市场部） 83680267（社务部）
传真：024-83680176（市场部） 83680265（社务部）
网址：http://www.neupress.com
E-mail：neuph@neupress.com
印 刷 者：沈阳市第二市政建设工程公司印刷厂
发 行 者：东北大学出版社
幅面尺寸：170mm×240mm
印　　张：8.5
字　　数：155 千字
出版时间：2021 年 10 月第 1 版
印刷时间：2021 年 10 月第 1 次印刷
策划编辑：汪子珺
责任编辑：李 佳
责任校对：雷天烁
封面设计：潘正一

ISBN 978-7-5517-2797-6　　定　价：56.00 元

前　言

低维纳米材料包括三个方向强受限的零维量子点材料、存在一定纵横比的一维量子棒材料和厚度为纳米量级的二维量子阱材料。而以这些低维纳米材料为基础的量子信息计算方案逐步成为科研人员研究的热点。本书内容分为五章：第 1 章，量子计算和量子计算机，介绍了量子计算机发展历史与前景、研究的现状和实验进展，并且介绍了量子比特在实现量子计算中的重要性。第 2 章，量子棒量子比特性质，介绍了量子棒量子比特的磁场和温度效应。第 3 章，三角束缚势量子点量子比特性质，介绍了三角束缚势量子点量子比特的光学声子效应、温度效应和杂质效应。第 4 章，高斯限制势量子阱量子比特，介绍了无外场高斯势量子阱量子比特的光学声子效应、电场效应和杂质场效应。第 5 章，赝量子点量子比特性质，介绍了赝量子点自身参数和电场对量子比特的调节作用。

这些低维纳米材料不仅在光电器件中有重要的应用，而且在量子信息科学领域也有着重要的应用价值，因此，低维纳米材料中量子比特性质也已经成为国内外研究的热点问题。本书由内蒙古民族大学博士科研启动基金（BS625）支持；由国家自然科学基金项目（11464033）、内蒙古自然科学基金项目（2017MS（LH）0107，2018LH01003 和 2019MS01008）支持。非常感谢孙家奎师兄和李红娟师姐，以及本书写作过程中给予支持和帮助的人。特别感谢恩师肖景林教授悉心指导。

本书由孙勇著，书中难免存在不妥之处，恳请读者和有关专家学者批评指正。

著 者

2021 年 5 月

目　录

1 量子计算和量子计算机

1.1 量子计算机发展历史与前景

1982 年 Feynman 提出了量子计算机的基本概念和 1985 年英国的 Deutsch 等提出了一种以量子叠加态为基础的 Deutsch-Jozsa 算法，这是世界上最早的量子计算机的理念。1994 年，Peter Shor 证明量子计算机能够完成对数运算，而且速度要远胜传统计算机。2007 年，加拿大 D-Wave 系统公司宣布研制成功 16 位量子比特的超导量子计算机，这也向人们预示着可实际应用的量子计算机会在几年内出现。2009 年，世界首台量子计算机正式在美国诞生，量子计算机真正走入人们的视线。2010 年，德国于利希研究中心发表公报，即该中心的超级计算机尤金成功模拟了 42 位的量子计算机，在此基础上，研究人员首次能够仔细地研究高位数量子计算机系统的特性。近年来，美国洛斯阿拉莫斯和麻省理工学院、IBM 和斯坦福大学，我国武汉物理教学所、清华大学等四个研究组已实现 7 个量子比特量子算法演示。

特别是在低维体系下量子力学所表现出的一些物理特性，已经引起了世人的关注，尤其是在最近 30 年，对其的研究取得了举世瞩目的成就，在材料研究方面也有突破性的进展。伴随着一系列研究的展开，量子力学无与伦比的优越性逐渐凸显出来，如量子计算机。实现计算机的量子化成为研究的热门课题，量子计算机所表现出的优越性能已经引起研究者的密切关注，其具有史无前例的存储能力、超现实的模拟功能、高效的运行机制、超快的计算速度；在通信方面，具有超强保密性且不可破译、不可窃听等。

1.2 量子计算机的研究现状和量子计算体系的实验进展

1.2.1 量子计算机的研究现状

量子计算机的原理基于量子力学原理，即态叠加原理、分立特性和量子相干性。量子计算机是使量子计算成为可能的机器，它以量子态为开关电路、记忆单元和信息储存形式，其存储和处理信息的基本单元被称为量子比特。量子计算机的计算是通过构造一系列幺正算子实现的，幺正算子保证了量子计算的独立性和可逆性，且量子计算机能实现并行计算。作为一个应用例子，Shor 业已证明，运用量子并行算法可以轻而易举地攻破现在广泛使用的 RSA 公钥体系。

Deutsch 建立了量子图灵机的模型，并把建立一个普适量子计算机的任务转化为建立由量子逻辑门所构成的逻辑网络。1995 年，人们发现量子计算机的逻辑网络可以由结构更为简单的逻辑门集构成，即采用单量子比特的任意旋转和双量子比特的受控非门，就可以搭建任意的量子电路。这就是所谓量子计算机标准模型。

如果要在真实的物理体系中实现量子计算的功能，该物理体系必须满足所谓 Divincenzo 判据。鉴于很难找到某个物理系统能同时满足这个判据，科学家提出了拓扑量子计算、单向量子计算、绝热量子计算等替代标准模型的量子计算方案。

近十多年来，著名刊物 *Nature* 和 *Science* 平均每个月发表一篇量子计算机研究的论文，但至今量子计算仍然未有突破性的进展。在少数量子比特的物理体系统中，人们成功地演示了量子计算的原理、逻辑门操作、量子编码和量子算法等，证实量子计算的实现不存在原则性困难。但真正要研制出量子计算机，存在两大主要障碍，其一是物理可扩展性问题，即如何实现成千上万个量子比特，并能有效地进行相干操控；其二是容错计算问题，即量子操作的出错率如何能减少到低于阈值，确保计算结果的可靠性。

1.2.2 具有可集成性的量子计算体系的实验进展

目前，国际学术界主流较为认可的量子计算物理体系是：量子点、超导、腔量子电动力学、离子或原子体系。

其中，半导体量子点借鉴成熟的微加工方法，在半导体二维电子气上制备成单电子晶体管，其电子服从量子力学规律，可以将电子自旋的向上和向下作为量子信息单元 1 和 0。这种利用半导体器件上的电子自旋进行量子信息处理的量子点体系被认为是最有希望成为未来量子计算机的方向之一。从 1998 年 D.Loss 和 D.P.Divincenzo 提出利用量子点中的电子自旋做固态量子计算开始，国际上多个著名研究机构在半导体量子点作为未来可扩展的量子计算器件的实验研究中取得了一系列重大进展。

半导体量子点作为量子芯片应具备的基本条件：量子比特的制备、量子逻辑门操作、量子测量和量子相干性。这些基本条件在实验中都已成功实现。著名量子信息专家、美国 IBM 公司资深研究员 D.P.Divincenzo 在 *Science* 杂志专门发表评论，认为半导体量子点作为未来量子计算的元器件——量子芯片是一条真实可行的路。

1.3 量子比特在实现量子计算的重要性

量子计算机与现有的电子计算机及正在研究的光计算机、生物计算机等的根本区别在于，其信息单元不是比特(bit，两个状态分别用0或1表示)，而是量子比特(Qubit)，即两个状态是0和1的相应量子态叠加。因此，单个量子CPU具有强大的平行处理数据的能力，而且，其运算能力随量子处理器数目的增加呈指数增强。这将为人类处理海量数据提供无比强大的运算工具。实现量子计算机就要寻找最优化的量子计算方案，而找到最优化的量子计算方案关键是找到实用的量子比特。由于半导体量子点新奇的物理特性，将对新一代量子功能器件的制造和量子信息学的发展产生深刻的影响，故其在低维物理的研究中具有重要的基础理论意义和潜在的、巨大的应用价值，已成为当今凝聚态物理学中十分活跃的研究热点之一。

把胶状量子点拉伸使其具有椭球形状的量子点，称其为量子棒。量子棒可由二维量子阱、零维量子点和一维量子线之间的演化构成。从量子阱到量子点再到量子线转换的研究具有特殊的意义，因为在合成量子棒时可通过精确的长度和直径来控制和调节量子棒尺寸和形状，或者可以通过人工控制改变量子棒纵横比的大小和构成量子棒的不同材料来实现控制和调节，还可以通过外加电磁场及选择不同的尝试波函数来实现控制和调节。因此，量子棒具有比其他低维固态量子结构更大的控制和调节范围及更多控制和调节方式降低消相干。这方面的研究为新材料的研制、新器件的开发和应用及新现象的机理分析提供理论依据和最佳的方案，所以对低维固态量子结构中的量子信息过程进行全面深入的研究是今后量子信息发展的需要。

半导体量子棒或纳米棒具有强的径向限制和可变长度的胶状量子点，

其提供的在材料裁剪方面的自由度和生物标记在光电器件中有非常广泛的应用。许多学者在理论和实验方面研究了量子棒的各种性质。例如，胡江涛等用半经验赝势方法计算了 CdSe 量子棒的电子态；夏建白等在有效质量包络函数理论框架里研究了量子棒中的电子结构和光学性质；Comas 等用连续介质理论的方法分析了半导体量子棒中表面极化子的光学声子的性质，并将计算出来的结果与球形量子点和准球形量子点进行了比较；Climente 等采用组态相互作用方法研究介质中的半导体纳米棒电子-电子、电子-空穴对间的相互作用；Talaat 等用扫描隧道显微镜技术测定了一系列不同尺寸 CdSe 量子棒在室温时的能量带隙，结果证实了 CdSe 量子棒的能量带隙主要依赖宽度(电子受限尺度)和仅稍微依赖于长度。他们利用有效质量近似和半经验赝势理论方法计算量子棒能量带隙并与实验结果进行比较，发现能量带隙随半径变化的理论值与实验结果在 0.08 eV 内符合。肖景林等采用线性组合算符的方法研究了量子棒极化子和磁极化子的性质。但是迄今为止，量子棒量子比特的声子效应和温度效应还没有人研究。

参考文献

[1] FEYNMAN R P. Simulating physics with computers [J]. International Journal of theoretical physics, 1982, 21: 467-488.

[2] FEYNMAN R P.Quantum mechanical computers[J].Optics news, 1985, 11(2): 11-20.

[3] DEUTSCH D.Quantum theory, the Church-Turing principle and the universal quantum computer [J]. Proceedings of the royal society of London. A. mathematical and physical sciences, 1985, 400(1818): 97-117.

[4] KRONER M, RÉMI S, HÖGELE A, et al. Resonant saturation laser spectroscopy of a single self-assembled quantum dot[J].Physica E: low-dimensional systems and nanostructures, 2008, 40(6): 1994-1996.

[5] SERAVALLI L, FRIGERI P, TREVISI G, et al.1.59 μm room temperature emission from metamorphic In As/InGaAs quantum dots grown on GaAs substrates[J].Applied physics letters, 2008, 92(21): 213104-213106.

[6] DEUTSCH D, JOZSA R. Rapid solution of problems by quantum computation[J]. Proceedings of the royal society of London. Series A: mathematical and physical sciences, 1992, 439(1907): 553-558.

[7] SHOR P W.Algorithms for quantum computation: discrete logarithms and factoring [C]. Proceedings 35th annual symposium on foundations of computer science, 1994: 124-134.

[8] CIRAC J I, ZOLLER P. Quantum computations with cold trapped ions [J].Physical review letters, 1995, 74(20): 4091-4094.

[9] PELLIZZARI T, GARDINER S A, CIRAC J I, et al. Decoherence, continuous observation, and quantum computing: a cavity QED model

[J].Physical review letters, 1995, 75(21): 3788-3791.

[10] 周正威, 涂涛, 龚明,等.量子计算的进展和展望.物理学进展[J]. 2009, 29(3): 127-165.

[11] FARHI E, GOLDSTONE J, GUTMANN S, et al.A quantum adiabatic evolution algorithm applied to random instances of an NP-complete problem[J].Science, 2001, 292(5516): 472-475.

[12] RAUSSENDORF R, BRIEGEL H J.A one-way quantum computer[J]. Physical review letters, 2001, 86(22): 5188-5191.

[13] XIAO Y F, HAN Z F, GUO G C.Quantum computation without strict strong coupling on a silicon chip[J].Physical review A, 2006, 73(5): 052324-1-052324-6.

[14] KITAEV A Y.Fault-tolerant quantum computation by anyons[J].Annals of physics, 2003, 303(1): 2-30.

[15] LOSS D, DIVINCENZO D P.Quantum computation with quantum dots [J].Physical review A, 1998, 57(1): 120-126.

[16] SLEATOR T, WEINFURTER H.Realizable universal quantum logic gates [J].Physical review letters, 1995, 74(20): 4087-4090.

[17] MAKHLIN Y, SCHÖN G, SHNIRMAN A. Quantum-state engineering with Josephson-junction devices[J].Reviews of modern physics, 2001, 73(2): 357-400.

[18] KATZ D, WIZANSKY T, MILLO O, et al.Size-dependent tunneling and optical spectroscopy of CdSe quantum rods[J].Physical review letters, 2002, 89(8): 086801-1-086801-4.

[19] HU J, LI L, YANG W, et al.Linearly polarized emission from colloidal semiconductor quantum rods [J]. Science, 2001, 292 (5524): 2060-2063.

[20] BRUCHEZ M, MORONNE M, GIN P, et al.Semiconductor nanocrystals as fluorescent biological labels [J]. Science, 1998, 281 (5385): 2013-2016.

[21] KLIMOV V I, MIKHAILOVSKY A A, XU S, et al. Optical gain and stimulated emission in nanocrystal quantum dots[J].Science, 2000, 290 (5490): 314-317.

[22] HU J, WANG L, LI L, et al.Semiempirical pseudopotential calculation of electronic states of CdSe quantum rods [J]. The journal of physical chemistry B, 2002, 106(10): 2447-2452.

2 量子棒量子比特性质

本章首先采用Pekar变分法，在磁场作用下，研究了量子棒中电子与体纵光学声子强耦合时，电子的基态和第一激发态的本征能量和波函数。这样的量子棒的二能级体系可以作为一个量子比特。当电子处于基态和第一激发态的叠加态时，计算出电子概率密度随时间的变化规律。振荡周期与椭球纵横比和受限长度的变化关系，与电子声子耦合强度和磁场回旋频率的变化关系。其次，得出电子的概率密度在一个周期内随温度的变化规律。电子概率密度和振动周期随温度的变化关系。本章由两部分构成：第一部分重点讨论了磁场对量子棒中电子量子比特性质的影响；第二部分采用Pekar变分法研究了磁场对量子棒中量子比特的温度效应的影响。

2.1 磁场对量子棒量子比特性质的影响

2.1.1 理论模型

最近，量子信息和量子计算引起了人们的兴趣，并且在实现量子计算机工程中的量子信息处理和量子计算方面做了大量的实验和理论工作。这些工作中，半导体量子点由于其新奇的物理性质、化学性质和潜在的光电应用被广泛研究。近年来，为实现量子计算提出了很多的方案。在量子点中二能级量子系统可以作为一个量子比特。对于这样的量子比特，李树深等提出了一个参数相图方案，并运用 InAs/GaAs 定义了单量子点能作为量子比特的参量使用范围，用 Pekar 变分法研究了量子点中磁场对量子比特的性质影响。由于量子棒具有特殊的电子结构，光学性质和线偏振发射性质已经成为量子功能器件研究的热点。因此，出现了大量关于量子棒的实验方面的工作，有许多人运用各种理论方法从很多方面研究了量子棒中的性质。例如，利用线性组合算符方法，研究了量子棒中强耦合磁极化子振动频率和基态结合能。然而，在外加磁场作用下，量子棒量子比特的性质还没有人研究过。

在本书中，运用 Pekar 变分法研究了在外加磁场作用下量子棒中电子与 LO 声子强耦合时基态与激发态的能量和波函数。这个系统被看作一个二能级的量子比特。我们得到了当电子处于基态和第一激发态的叠加态时，电子的概率密度以一定周期在量子棒中振荡。讨论了磁场对概率密度的影响，以及椭球的纵横比、横向和纵向的有效受限长度、磁场和电子-声子耦合强度对振荡周期的影响。

电子在极性晶体量子棒中运动，并与 LO 声子相互作用。电子 xoy 平面内和 z 方向被不同的抛物势限制，稳恒磁场沿 z 方向，矢势用 $\boldsymbol{A}=B\left(-\frac{y}{2},\frac{x}{2},0\right)$ 描写，电子-声子相互作用系统的哈密顿量写为

$$H=\frac{1}{2m}\left(p_x-\frac{\bar{\beta}^2}{4}y\right)^2+\frac{1}{2m}\left(p_y+\frac{\bar{\beta}^2}{4}x\right)^2+\frac{p_z^2}{2m}+\frac{1}{2}m\omega_{\parallel}^2\rho^2+\frac{1}{2}m\omega_z^2z^2+\sum_q\hbar\omega_{\mathrm{LO}}a_q^+a_q+\sum_q\left[V_qa_q\exp(\mathrm{i}\boldsymbol{q}\cdot\boldsymbol{r})+h.c\right] \tag{2.1}$$

其中，$\bar{\beta}^2=\frac{2e}{c}B$，$m$ 是带质量，$\omega_{\parallel}$ 和 ω_z 分别表示在棒的半径和长度方向三维各向异性简谐势的横向和纵向受限强度，$a_q^+(a_q)$ 是波矢为 q 的体纵光学声子的产生(湮灭)算符，$P=(P_{\parallel}, P_Z)$ 和 $r=(\rho, z)$ 分别是电子的动量和坐标矢量。式(2.1)中的 V_q 和 α 分别为

$$V_q=\mathrm{i}\left(\frac{\hbar\omega_{\mathrm{LO}}}{q}\right)\left(\frac{\hbar}{2m\omega_{\mathrm{LO}}}\right)^{\frac{1}{4}}\left(\frac{4\pi\alpha}{v}\right)^{\frac{1}{2}}$$
$$\alpha=\left(\frac{e^2}{2\hbar\omega_{\mathrm{LO}}}\right)\left(\frac{2m\omega_{\mathrm{LO}}}{\hbar}\right)^{\frac{1}{2}}\left(\frac{1}{\varepsilon_\infty}-\frac{1}{\varepsilon_0}\right) \tag{2.2}$$

引进坐标变换，把椭球形边界转换成球形边界：$x'=x$，$y'=y$，$z'=\frac{z}{e'}$。其中，e'为椭球的纵横比，(x', y', z')为变换后坐标。电子–声子系统哈密顿量在新坐标下变为 H'。

用 LLP 方法变换 H'

$$U=\exp\left[\sum_q (f_q b_q^+ - f_q^* b_q)\right] \tag{2.3}$$

其中，f_q 为变分函数，可以得到

$$H''=U^{-1}H'U \tag{2.4}$$

选择电子–声子系统的基态波函数

$$|\varphi_0\rangle=|0\rangle|0_{ph}\rangle=\pi^{-\frac{3}{4}}\lambda_0^{\frac{3}{2}}\exp\left(-\frac{\lambda_0^2 r^2}{2}\right)|0_{ph}\rangle \tag{2.5}$$

其中，λ_0 是变分参量；$|0_{ph}\rangle$表示无微扰零声子态，其满足 $a|0_{ph}\rangle=0$；$|0\rangle$表示电子基态尝试波函数。

同样，选择电声子系统的第一激发态尝试波函数

$$|\varphi_1\rangle = |1\rangle|0_{ph}\rangle = \left(\frac{\pi^3}{4}\right)^{-\frac{1}{4}}\lambda_1^{\frac{5}{2}} r\cos\theta\exp\left(-\frac{\lambda_1^2 r^2}{2}\right)|0_{ph}\rangle \tag{2.6}$$

其中，λ_1 表示变分参量；$|1\rangle$ 表示电子第一激发态尝试波函数，并且满足 $\langle 0|0\rangle=1$，$\langle 1|1\rangle=1$，$\langle 1|0\rangle=0$。以上的方程满足下面的关系

$$\langle\varphi_0|\varphi_0\rangle=1,\ \langle\varphi_0|\varphi_1\rangle=0,\ \langle\varphi_1|\varphi_1\rangle=1 \tag{2.7}$$

得出电子基态能量 $E_0=\langle\varphi_0|H''|\varphi_0\rangle$ 和第一激发态能量 $E_1=\langle\varphi_1|H''|\varphi_1\rangle$ 的期待值。

量子棒中电子的基态能量可以写成

$$E_0=\lambda_0^2+\frac{e'^2}{2}\lambda_0^2+\frac{\omega_c^2}{16\lambda_0^2}+\frac{1}{\lambda_0^2 l_p^4}+\frac{1}{2e'^2\lambda_0^2 l_v^4}-\frac{\alpha}{\sqrt{\pi}}\sqrt{2}\lambda_0 A(e') \tag{2.8}$$

$A(e')$ 可以写成

$$A(e')=\begin{cases}\dfrac{\arcsin\sqrt{1-e'^2}}{\sqrt{1-e'^2}} & e'<1\\ 1 & e'=1\\ \dfrac{1}{2\sqrt{e'^2-1}}\ln\dfrac{e'+\sqrt{e'^2-1}}{e'-\sqrt{e'^2-1}} & e'>1\end{cases} \tag{2.9}$$

第一激发态能量可以写成

$$E_1=\lambda_1^2+\frac{e'^2}{2}\lambda_1^2+\frac{\omega_c^2}{16\lambda_1^2}+\frac{1}{\lambda_1^2 l_p^4}+\frac{3}{2e'^2\lambda_1^2 l_v^4}-\frac{7}{8}\frac{\alpha}{\sqrt{\pi}}\sqrt{2}\lambda_0 A(e') \tag{2.10}$$

运用变分法可得 λ_0 和 λ_1，也可得出二能级和二能级波函数。

因此，二能级系统可以作为一个量子比特。量子棒中电子叠加态表示成

$$|\psi_{01}\rangle=\frac{1}{\sqrt{2}}(|0\rangle+|1\rangle) \tag{2.11}$$

其中

$$|0\rangle=\psi_0(r)=\pi^{-\frac{3}{4}}\lambda^{\frac{3}{2}}\exp\left(-\frac{\lambda^2r^2}{2}\right) \tag{2.12}$$

$$|1\rangle=\psi_1(r)=\left(\frac{\pi^3}{4}\right)^{-\frac{1}{4}}\lambda^{\frac{5}{2}}r\cos\theta\exp\left(-\frac{\lambda^2r^2}{2}\right) \tag{2.13}$$

电子叠加态随时间的演化可以表示为

$$\psi_{01}(r,\ t)=\frac{1}{\sqrt{2}}\psi_0(r)\exp\left(-\frac{\mathrm{i}E_0t}{\hbar}\right)+\frac{1}{\sqrt{2}}\psi_1(r)\exp\left(-\frac{\mathrm{i}E_1t}{\hbar}\right) \tag{2.14}$$

电子在空间的概率密度为

$$\begin{aligned}Q(r,\ t)&=|\psi_{01}(r,\ t)|^2\\&=\frac{1}{2}[\,|\psi_0(r)|^2+|\psi_1(r)|^2+\psi_0^*(r)\psi_1(r)\exp(\mathrm{i}\omega_{01}t)+\\&\quad\psi_0(r)\psi_1^*(r)\exp(-\mathrm{i}\omega_{01}t)\,]\end{aligned} \tag{2.15}$$

其中，$\omega_{01}=\dfrac{E_1-E_0}{\hbar}$表示电子在基态和激发态之间的跃迁频率。

振荡周期为

$$T_0=\frac{h}{E_1-E_0} \tag{2.16}$$

2.1.2 数值结果与讨论

为了更清楚地表明电子的概率密度 $Q(r,\ t)$ 和振动周期 T_0 随磁场回旋振动频率 ω_c、椭球的纵横比 e'、量子棒的横向和纵向的受限长度 l_p 和 l_v，以及电声子的耦合强度之间的变化关系，选择通常的极化子单位（$\hbar=2m=\omega_{LO}=1$），数值计算结果如图 2-1～图 2-20 所示。

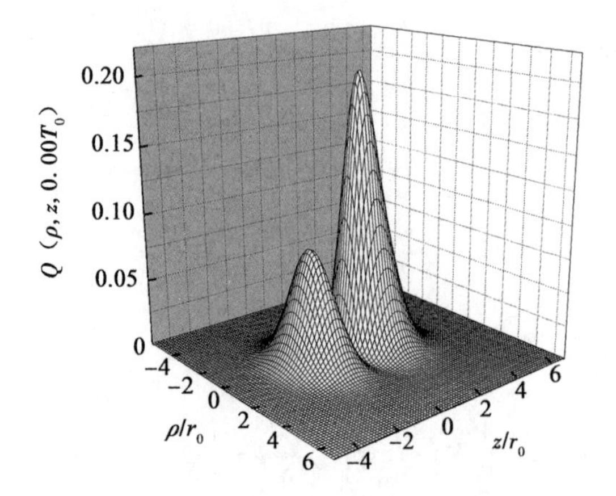

图 2-1　电子概率密度 $|\psi_{01}(\rho, z, t)|^2$ 随坐标变化规律($\omega_c=1.0$，$t=0.00T_0$)

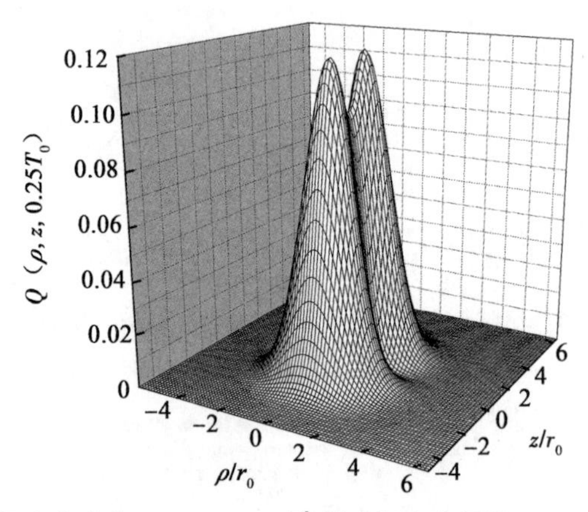

图 2-2　电子概率密度 $|\psi_{01}(\rho, z, t)|^2$ 随坐标变化规律($\omega_c=1.0$，$t=0.25T_0$)

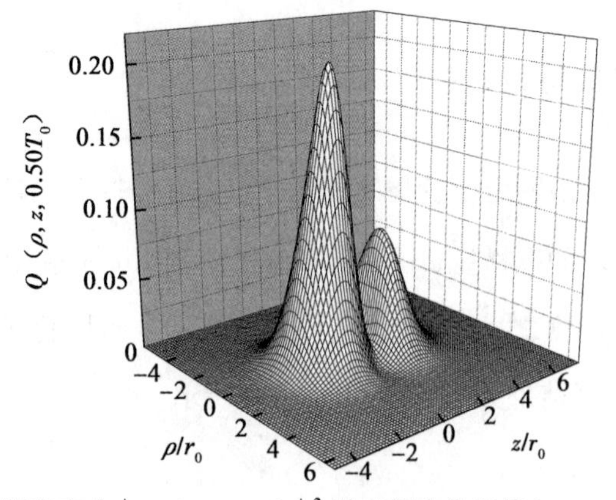

图 2-3　电子概率密度 $|\psi_{01}(\rho, z, t)|^2$ 随坐标变化规律($\omega_c=1.0$，$t=0.50T_0$)

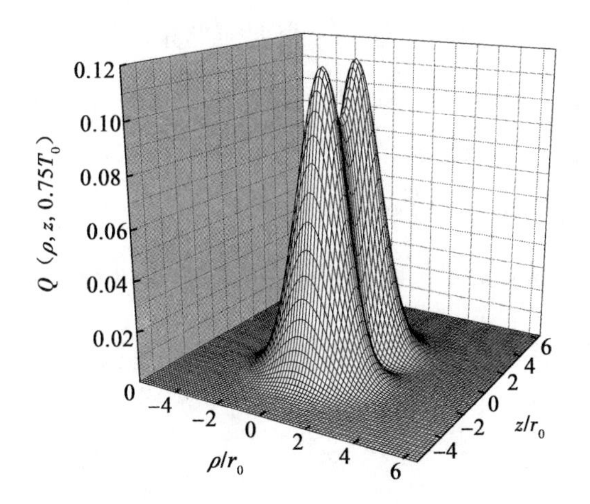

图 2-4　电子概率密度 $|\psi_{01}(\rho, z, t)|^2$ 随坐标变化规律（$\omega_c=1.0$，$t=0.75T_0$）

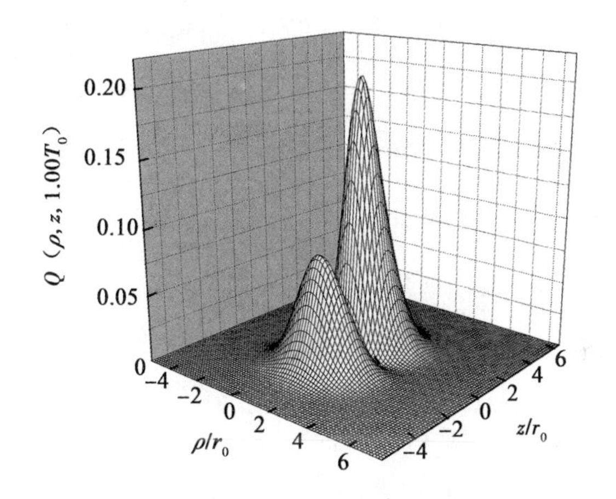

图 2-5　电子概率密度 $|\psi_{01}(\rho, z, t)|^2$ 随坐标变化规律（$\omega_c=1.0$，$t=1.00T_0$）

图 2-1～图 2-5 的双峰表示当电子-声子耦合强度 $\alpha=4.0$、横向受限长度 $l_p=2.0$ 和纵向受限长度 $l_v=3.0$、位相差 $\cos\theta=1$、椭球的纵横比 $e'=1.4$ 和磁场回旋频率 $\omega_c=1.0$ 时，电子处在叠加态$\frac{1}{\sqrt{2}}(|0\rangle+|1\rangle)$时的概率密度为 $|\psi_{01}(\rho, z, t)|^2$ 随时间的变化规律。图 2-1～图 2-5 中的时间 t 分别是 0，0.25，0.5，0.75，$1T_0$。电子的概率密度以周期 $T_0=\frac{h}{E_1-E_0}$在空间振荡，从图

2-1～图 2-5 还可以看出电子的概率密度随坐标 ρ 和 z 的周期性变化规律。因为量子棒中在半径的长度方向和长度方向三维非对称简谐势的存在，导致电子概率密度的双峰结构。

图 2-6～图 2-10 的边双峰表示当电子-声子耦合强度 $\alpha=4.0$、横向受限长度 $l_p=2.0$ 和纵向受限长度 $l_v=3.0$、位相差 $\cos\theta=1$、椭球的纵横比 $e'=1.4$ 和磁场回旋频率 $\omega_c=3.0$ 时，电子处在叠加态 $\frac{1}{\sqrt{2}}(|0\rangle+|1\rangle)$ 时的概率密度为 $|\psi_{01}(\rho,z,t)|^2$ 随时间的变化规律。图 2-6～图 2-10 中的时间 t 分别是 0，0.25，0.5，0.75，$1T_0$。量子棒的电子概率密度以周期 $T_0=\frac{h}{E_1-E_0}$ 在空间振荡，从图 2-6～图 2-10 还可以看出电子的概率密度随坐标 ρ 和 z 的周期性变化规律。因为量子棒中在半径的长度方向和长度方向三维非对称简谐势的存在，导致电子概率密度的双峰结构。这与图 2-1～图 2-5 的规律一致，但是电子概率密度在高度上有所不同。

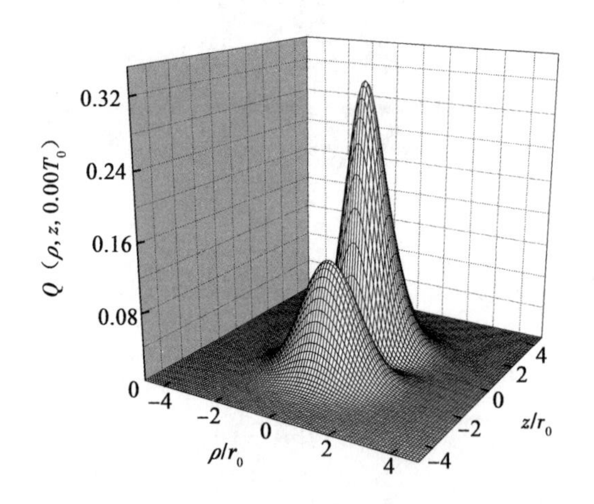

图 2-6　电子概率密度 $|\psi_{01}(\rho,z,t)|^2$ 随坐标变化规律（$\omega_c=3.0$，$t=0.00T_0$）

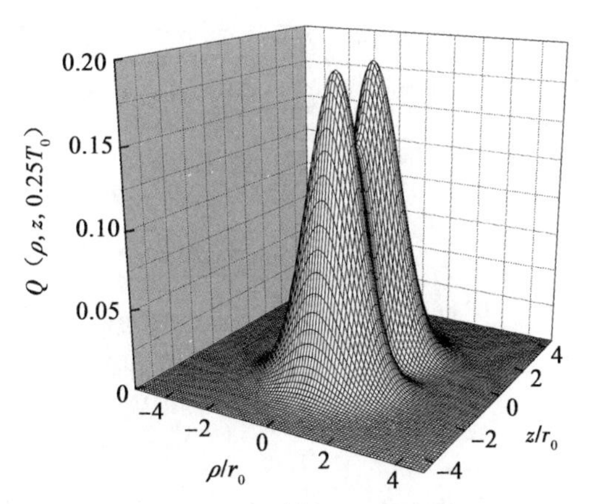

图 2-7 电子概率密度 $|\psi_{01}(\rho, z, t)|^2$ 随坐标变化规律($\omega_c=3.0$, $t=0.25T_0$)

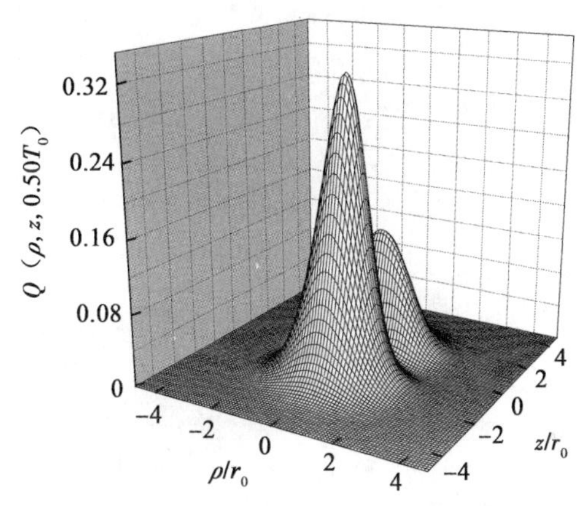

图 2-8 电子概率密度 $|\psi_{01}(\rho, z, t)|^2$ 随坐标变化规律($\omega_c=3.0$, $t=0.50T_0$)

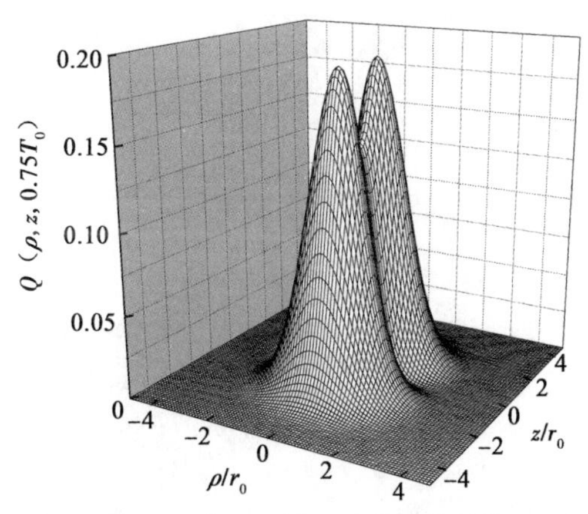

图 2-9 电子概率密度 $|\psi_{01}(\rho, z, t)|^2$ 随坐标变化规律($\omega_c=3.0$, $t=0.75T_0$)

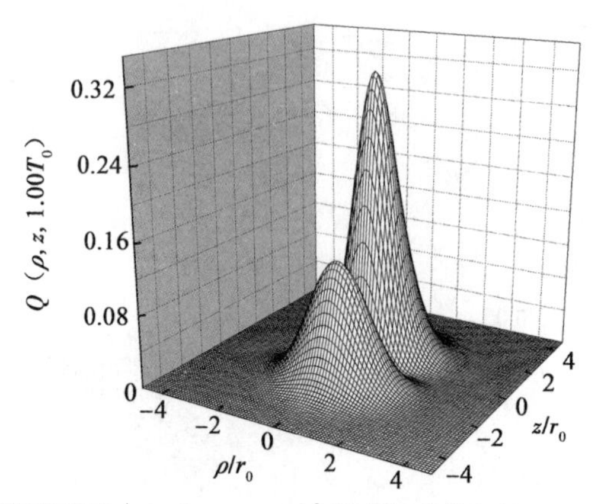

图 2-10　电子概率密度 $|\psi_{01}(\rho, z, t)|^2$ 随坐标变化规律($\omega_c=3.0$, $t=1.00T_0$)

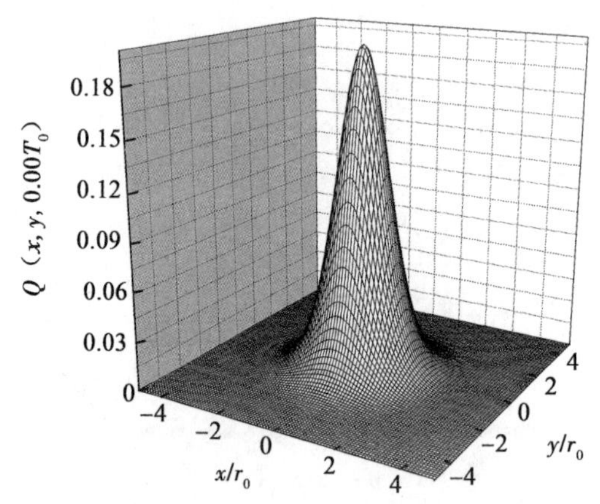

图 2-11　电子概率密度 $|\psi_{01}(x, y, z, t)|^2$ 随坐标变化规律($\omega_c=1.0$, $t=0.00T_0$)

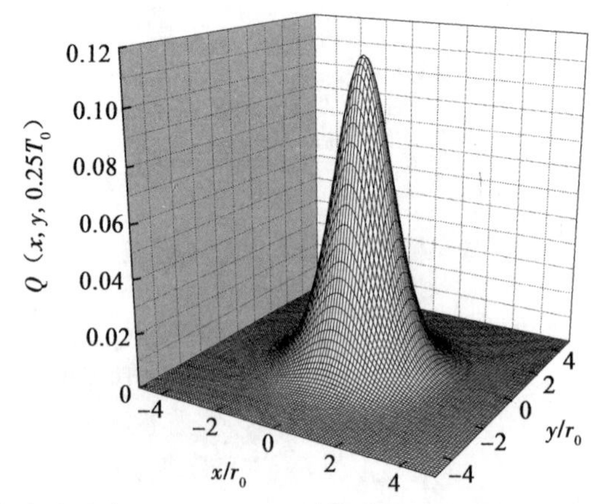

图 2-12　电子概率密度 $|\psi_{01}(x, y, z, t)|^2$ 随坐标变化规律($\omega_c=1.0$, $t=0.25T_0$)

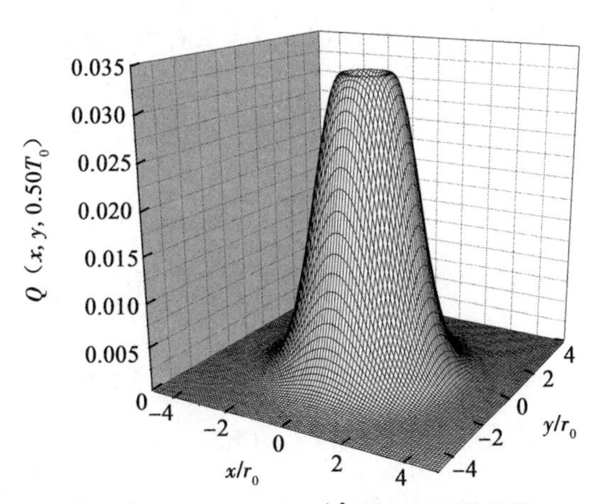

图 2–13　电子概率密度 $|\psi_{01}(x, y, z, t)|^2$ 随坐标变化规律($\omega_c=1.0$, $t=0.50T_0$)

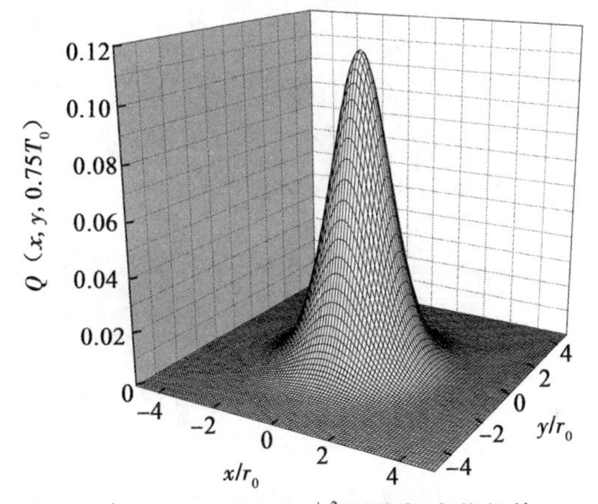

图 2–14　电子概率密度 $|\psi_{01}(x, y, z, t)|^2$ 随坐标变化规律($\omega_c=1.0$, $t=0.75T_0$)

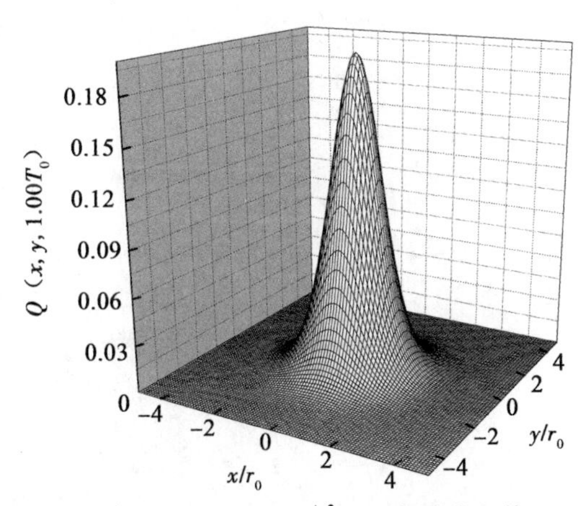

图 2–15　电子概率密度 $|\psi_{01}(x, y, z, t)|^2$ 随坐标变化规律($\omega_c=1.0$, $t=1.00T_0$)

图 2-11～图 2-15 单峰表示当 $\alpha=4.0$，$l_p=2.0$，$l_v=3.0$，$\cos\theta=1$，$e'=1.4$ 和 $\omega_c=1.0$ 时，电子处在叠加态$\frac{1}{\sqrt{2}}(|0\rangle+|1\rangle)$时的概率密度 $|\psi_{01}(x, y, z, t)|^2$ 随时间的变化规律。图 2-11～图 2-15 中的时间 t 分别表示 0，0.25，0.5，0.75，$1T_0$，量子棒中电子以周期 $T_0=\frac{h}{E_1-E_0}$在空间振荡。在图 2-11～图 2-15 中，电子规律密度随坐标 x 和 y 的周期变化规律，由于量子棒在 x 和 y 方向二维对称的简谐势的存在，导致电子概率密度的单峰结构。

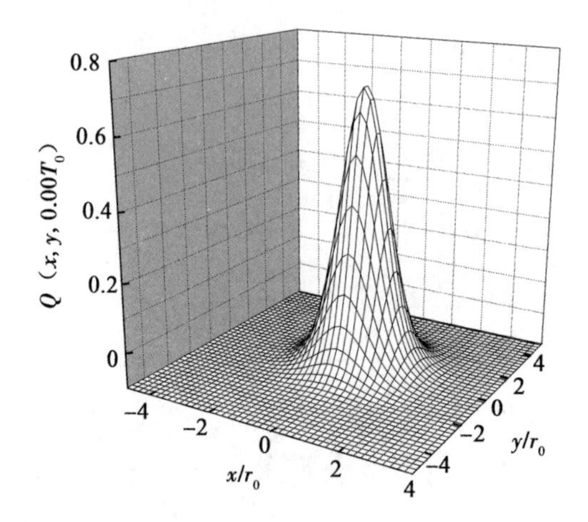

图 2-16　电子概率密度 $|\psi_{01}(x, y, z, t)|^2$ 随坐标变化规律（$\omega_c=1.0$，$t=0.00T_0$）

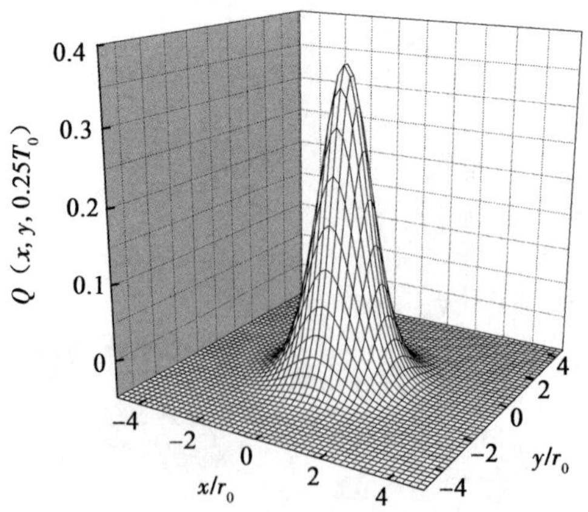

图 2-17　电子概率密度 $|\psi_{01}(x, y, z, t)|^2$ 随坐标变化规律（$\omega_c=1.0$，$t=0.25T_0$）

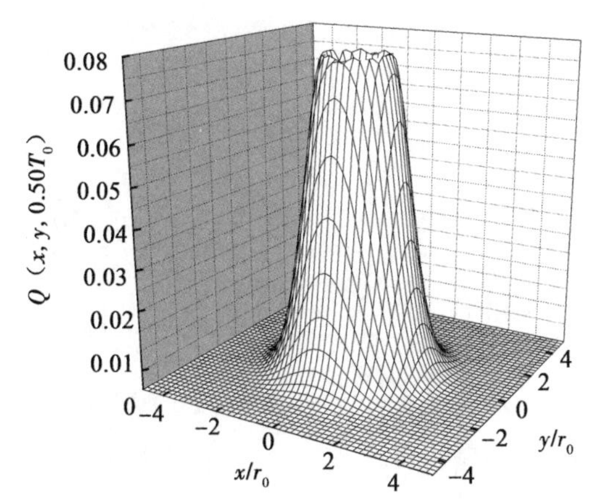

图 2-18　电子概率密度 $|\psi_{01}(x, y, z, t)|^2$ 随坐标变化规律（$\omega_c=1.0$，$t=0.50T_0$）

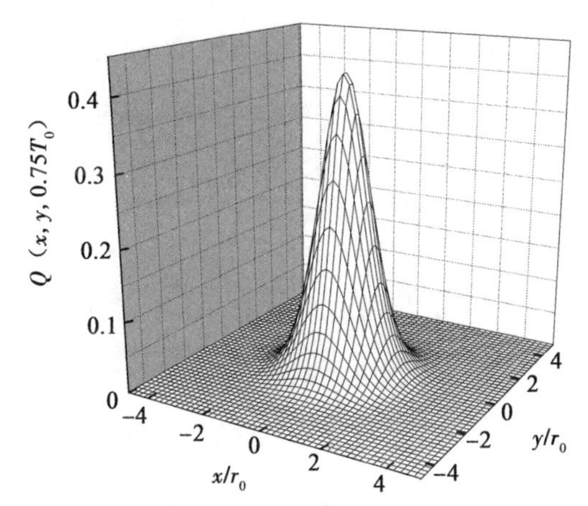

图 2-19　电子概率密度 $|\psi_{01}(x, y, z, t)|^2$ 随坐标变化规律（$\omega_c=1.0$，$t=0.75T_0$）

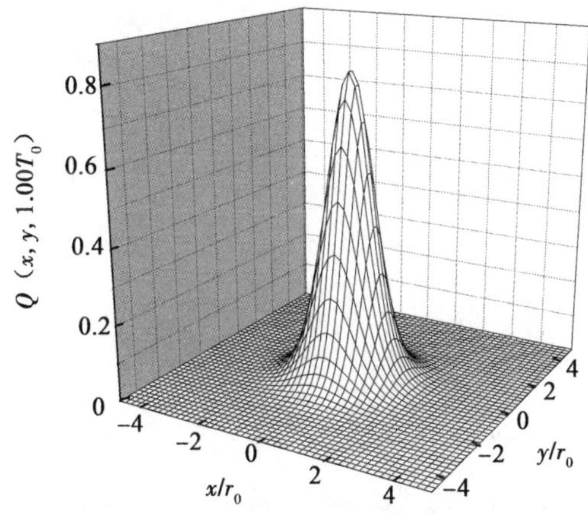

图 2-20　电子概率密度 $|\psi_{01}(x, y, z, t)|^2$ 随坐标变化规律（$\omega_c=1.0$，$t=1.00T_0$）

图 2-16～图 2-20 单峰表示当 $\alpha=4.0$，$l_p=2.0$，$l_v=3.0$，$\cos\theta=1$，$e'=1.4$ 和 $\omega_c=3.0$ 时，电子处在叠加态 $\frac{1}{\sqrt{2}}(|0\rangle+|1\rangle)$ 时的概率密度 $|\psi_{01}(\rho, z, t)|^2$ 随时间的变化规律。图 2-16～图 2-20 中的时间 t 分别表示 0，0.25，0.5，0.75 和 $1T_0$，可以发现，量子棒中电子以周期 $T_0=\frac{h}{E_1-E_0}$ 在空间振荡。在图 2-1～图 2-20 可以看出量子棒中电子的概率密度随着回旋频率的增加而增加。磁场的存在，相当于对电子附加一个新的约束，从而导致更大的电子间波函数交叠，使电子和声子之间的相互作用加强。因此，概率密度增加。在图 2-11～图 2-20 中，电子规律密度随坐标 x 和 y 的周期变化规律，由于量子棒在 x 和 y 方向二维对称的简谐势的存在，导致电子概率密度的单峰结构。这一结果和量子点的情况相同。

图 2-21 表示的是当 $\alpha=4.0$，$\omega_c=1.0$ 和 $e'=1.4$ 时，振动周期 T_0 随横向受限长度 l_p 和纵向受限长度 l_v 的变化关系。可以发现，振动周期随受限长度的增加而增加，其原因是随着受限长度的减小，以声子作为媒介的电子能量和电子-声子相互作用能由于粒子运动范围减小而增加。由于在第一激发态的横向和纵向的受限长度比基态的长，并随着受限长度的减小，第一

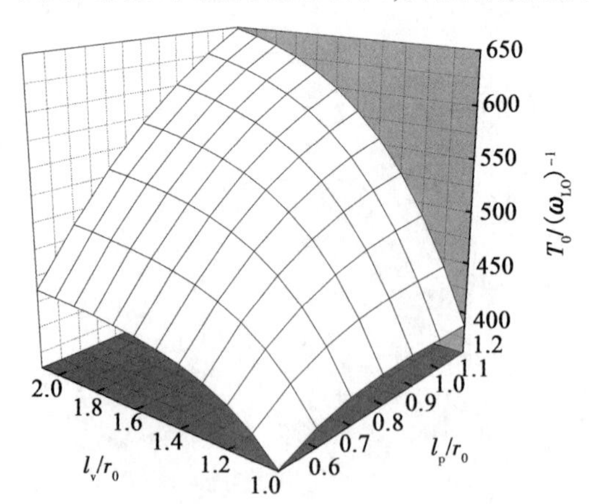

图 2-21　在量子棒中振动周期 T_0 随横向受限长度 l_p 和纵向受限长度 l_v 的变化关系

激发态能量的增加小于基态能量的增加。第一激发态和基态的能量差随着量子棒的受限长度的减小而增加，导致振动周期随着受限长度的减小而减少。这表现了奇特量子尺寸限制效应。

图 2-22 表示当 $e'=1.4$，$l_p=2.0$，$l_v=3.0$ 时，振动周期 T_0 随磁场回旋振动频率 ω_c 和耦合强度 α 变化关系。由图可见，振动周期 T_0 随着回旋频率 ω_c 和耦合强度 α 的增加而减少。这是因为第一激发态的回旋频率和耦合强度是弱于基态，随着回旋频率和耦合强度的增加，第一激发态能量的增加小于基态能量的增加。因此，随着第一激发态和基态的能量差的增加，导致振动周期减少。

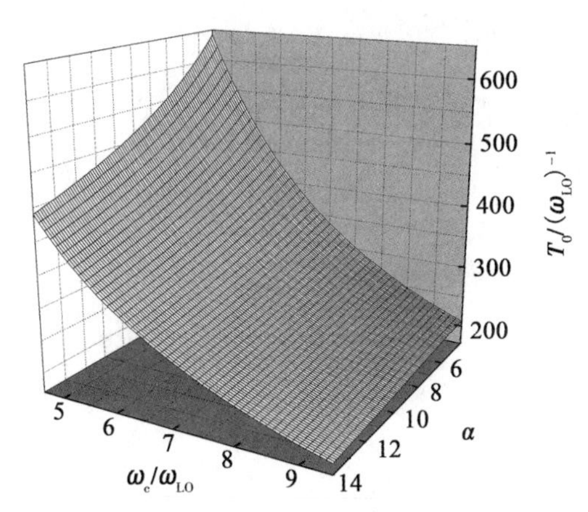

图 2-22　在量子棒中振动周期 T_0 随磁场回旋频率 ω_c 和耦合强度 α 的变化关系

图 2-23 表示当 $l_p=2.0$，$l_v=3.0$ 和 $\omega_c=1.0$ 时，振动周期 T_0 随椭球纵横比 e'和电声子耦合强度 α 的函数关系。振动周期 T_0 随椭球纵横比 e'的增加而增加，因为椭球纵横比对第一激发态的影响弱于对基态的影响，随着椭球纵横比的减小，第一激发态能量的增加小于基态能量的增加。正是这个原因，使第一激发态和基态的能量差随椭球纵横比的减小而增加。导致振动周期的减少。研究结果表明，当椭球纵横比很小的时候，量子棒的形状接近二维量子阱；当椭球纵横比等于 1 时，量子棒变成了一个 0 维的量子点；当椭球比足够大的时候，量子棒变成了量子线。换句话说，量子棒可由二维

量子阱、0维量子点和一维量子线之间演化构成。从量子阱到量子点，再到量子线的过渡中，对胶状半导体量子棒的研究引起了人们的兴趣。由于通过调整长度和直径的大小可以改变量子棒的尺寸和形状，因此，通过改变椭球纵横比，能够实现二维向零维再向一维系统转换。这个性质使我们找到通过改变量子棒椭球纵横比来改变电子概率密度和振动周期的途径，并且因此改变量子比特的寿命，得到了新的抑制退相干途径。从图 2-23 中也可以看出，振动周期是耦合强度的减函数，其原因和图 2-22 中的一样。

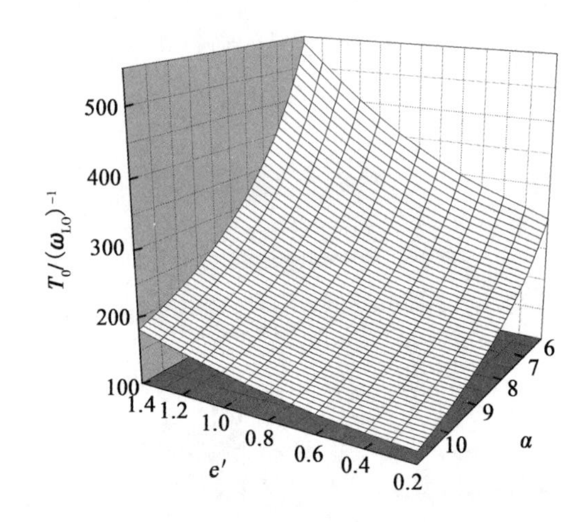

图 2-23　在量子棒中振动周期 T_0 随椭球纵横比 e' 和耦合强度 α 的变化关系

上述结果表明，若要量子比特的寿命增加，电子的概率密度的振荡周期必须增大，可以通过实现以下几种方式，即可抑制退相干过程：①较小的外加磁场；②量子棒中弱耦合材料；③较长的横向半径和纵向长度；④较大椭球纵横比。

2.1.3　小结

综上所述，当电子处于基态和第一激发态的叠加态时，概率密度随着磁场的增加而增加，振动周期随着磁场的增加而减少。振荡周期随着量子棒椭球纵横比、横向和纵向受限长度的增加而增加，随着电子声子耦合强度和磁场回旋振荡频率的减少而减少。

2.2 量子棒中量子比特的温度效应

2.2.1 理论模型

电子在极性晶体量子棒中运动，并与 LO 声子相互作用。电子 xoy 平面内和 z 方向被不同的抛物势限制，稳恒磁场沿 z 方向，矢势用 $\boldsymbol{A}=B\left(-\frac{y}{2},\frac{x}{2},0\right)$描写，电子-声子相互作用系统的哈密顿量写为

$$H=\frac{1}{2m}\left(p_x-\frac{\bar{\beta}^2}{4}y\right)^2+\frac{1}{2m}\left(p_y+\frac{\bar{\beta}^2}{4}x\right)^2+\frac{p_z^2}{2m}+\frac{1}{2}m\omega_{\parallel}^2\rho^2+\frac{1}{2}m\omega_z^2z^2+\sum_q\hbar\omega_{\mathrm{LO}}a_q^+a_q+\sum_q\left[V_qa_q\exp(\mathrm{i}q\cdot r)+h.c\right] \tag{2.17}$$

其中，$\bar{\beta}^2=\frac{2e}{c}B$，$m$ 是带质量，$\omega_{\parallel}$ 和 ω_z 分别表示在棒的半径和长度方向三维各向异性简谐势的横向和纵向受限强度，$a_q^+(a_q)$是波矢为 q 的体纵光学声子的产生(湮灭)算符，$P=(P_{\parallel},P_Z)$和 $r=(\rho,z)$分别是电子的动量和坐标矢量。式(2.17)的 V_q 和 α 为

$$V_q=\mathrm{i}\left(\frac{\hbar\omega_{\mathrm{LO}}}{q}\right)\left(\frac{\hbar}{2m\omega_{\mathrm{LO}}}\right)^{\frac{1}{4}}\left(\frac{4\pi\alpha}{v}\right)^{\frac{1}{2}}$$
$$\alpha=\left(\frac{e^2}{2\hbar\omega_{\mathrm{LO}}}\right)\left(\frac{2m\omega_{\mathrm{LO}}}{\hbar}\right)^{\frac{1}{2}}\left(\frac{1}{\varepsilon_\infty}-\frac{1}{\varepsilon_0}\right) \tag{2.18}$$

引进坐标变换，把椭球形边界转换成球形边界：$x'=x$，$y'=y$，$z'=\frac{z}{e'}$，其中 e'

为椭球的纵横比，(x', y', z')为变换后坐标。电子-声子系统哈密顿量在新坐标下变为 H'。

用 LLP 方法变换 H'

$$U = \exp\left[\sum_q (f_q b_q^+ - f_q^* b_q)\right] \tag{2.19}$$

其中，f_q 为变分函数，可以得到

$$H'' = U^{-1} H' U \tag{2.20}$$

选择电子-声子系统的基态波函数

$$|\varphi_0\rangle = |0\rangle |0_{ph}\rangle = \pi^{-\frac{3}{4}} \lambda_0^{\frac{3}{2}} \exp\left(-\frac{\lambda_0^2 r^2}{2}\right) |0_{ph}\rangle \tag{2.21}$$

其中，λ_0 是变分参量；$|0_{ph}\rangle$表示无微扰零声子态，其满足 $a|0_{ph}\rangle = 0$；$|0\rangle$表示电子基态尝试波函数。

同样，选择电声子系统的第一激发态波函数为

$$|\varphi_1\rangle = |1\rangle |0_{ph}\rangle = \left(\frac{\pi^3}{4}\right)^{-\frac{1}{4}} \lambda_1^{\frac{5}{2}} r\cos\theta \exp\left(-\frac{\lambda_1^2 r^2}{2}\right) |0_{ph}\rangle \tag{2.22}$$

其中，λ_1 表示变分参量；$|1\rangle$表示电子第一激发态尝试波函数，并且满足$\langle 0|0\rangle = 1$，$\langle 1|1\rangle = 1$，$\langle 1|0\rangle = 0$。

以上的方程满足下面的关系

$$\langle \varphi_0|\varphi_0\rangle = 1,\ \langle \varphi_0|\varphi_1\rangle = 0,\ \langle \varphi_1|\varphi_1\rangle = 1 \tag{2.23}$$

得出电子基态能量 $E_0 = \langle \varphi_0|H''|\varphi_0\rangle$和第一激发态能量 $E_1 = \langle \varphi_1|H''|\varphi_1\rangle$的期待值。

量子棒中电子的基态能量可以写成

$$E_0 = \lambda_0^2 + \frac{e'^2}{2}\lambda_0^2 + \frac{\omega_c^2}{16\lambda_0^2} + \frac{1}{\lambda_0^2 l_p^4} + \frac{1}{2e'^2\lambda_0^2 l_v^4} - \frac{\alpha}{\sqrt{\pi}}\sqrt{2}\lambda_0 A(e') \tag{2.24}$$

$A(e')$可以写成

$$A(e')=\begin{cases}\dfrac{\arcsin\sqrt{1-e'^2}}{\sqrt{1-e'^2}} & e'<1\\[2ex] 1 & e'=1\\[2ex] \dfrac{1}{2\sqrt{e'^2-1}}\ln\dfrac{e'+\sqrt{e'^2-1}}{e'-\sqrt{e'^2-1}} & e'>1\end{cases}\tag{2.25}$$

第一激发态可以写成

$$E_1=\lambda_1^2+\frac{e'^2}{2}\lambda_1^2+\frac{\omega_c^2}{16\lambda_1^2}+\frac{1}{\lambda_1^2 l_p^4}+\frac{3}{2e'^2\lambda_1^2 l_v^4}-\frac{7}{8}\frac{\alpha}{\sqrt{\pi}}\sqrt{2}\lambda_0 A(e')\tag{2.26}$$

运用变分法得出 λ_0 和 λ_1，也可以得出二能级和能级波函数。这一二能级系统可以构成一个量子比特，则量子棒中电子叠加态表示成

$$|\psi_{01}\rangle=\frac{1}{\sqrt{2}}(|0\rangle+|1\rangle)\tag{2.27}$$

其中

$$|0\rangle=\psi_0(r)=\pi^{-\frac{3}{4}}\lambda^{\frac{3}{2}}\exp\left(-\frac{\lambda^2 r^2}{2}\right)\tag{2.28}$$

$$|1\rangle=\psi_1(r)=\left(\frac{\pi^3}{4}\right)^{-\frac{1}{4}}\lambda^{\frac{5}{2}}r\cos\theta\exp\left(-\frac{\lambda^2 r^2}{2}\right)\tag{2.29}$$

电子叠加态随时间的演化可以表示为

$$\psi_{01}(r,\ t)=\frac{1}{\sqrt{2}}\psi_0(r)\exp\left(-\frac{\mathrm{i}E_0 t}{\hbar}\right)+\frac{1}{\sqrt{2}}\psi_1(r)\exp\left(-\frac{\mathrm{i}E_1 t}{\hbar}\right)\tag{2.30}$$

电子在空间的概率密度为

$$
\begin{aligned}
Q(r,t) &= |\psi_{01}(r,t)|^2 \\
&= \frac{1}{2}[\,|\psi_0(r)|^2 + |\psi_1(r)|^2 + \psi_0^*(r)\psi_1(r)\exp(\mathrm{i}\omega_{01}t) + \\
&\quad \psi_0(r)\psi_1^*(r)\exp(-\mathrm{i}\omega_{01}t)\,]
\end{aligned} \tag{2.31}
$$

其中，$\omega_{01}=\dfrac{E_1-E_0}{\hbar}$表示电子在基态和激发态之间的跃迁频率。

振荡周期为

$$
T_0=\frac{h}{E_1-E_0} \tag{2.32}
$$

处于叠加态的电子周围的平均声子数为

$$
\bar{N}=\frac{\sqrt{2}\alpha}{2\sqrt{\pi}}\lambda_0 A(e')+\frac{7\sqrt{2}\alpha}{16\sqrt{\pi}}\lambda_1 A(e') \tag{2.33}
$$

在有限的温度下，电子–声子系统不再完全处于基态。晶格振动不但激发了实声子，同时也使抛物势中的电子受到激发。当在磁场中，极化子的性质是电子–声子系统对各种状态的统计平均值。根据量子统计理论，光学声子统计平均数为

$$
\bar{N}_q=\left[\exp\left(\frac{1}{k_{\mathrm{B}}T}\right)-1\right]^{-1} \tag{2.34}
$$

这里，k_{B} 是波尔兹曼常数，T 为系统温度。

2.2.2 数值结果与讨论

为了更清楚地表明电子的概率密度 $Q(r,t)$ 和振动周期 T_0 随温度 T 和磁场回旋振动频率 ω_{c} 的变化关系，选择通常的极化子单位（$\hbar=2m=\omega_{\mathrm{LO}}=1$），数值计算结果如图 2–24～图 2–30 所示。

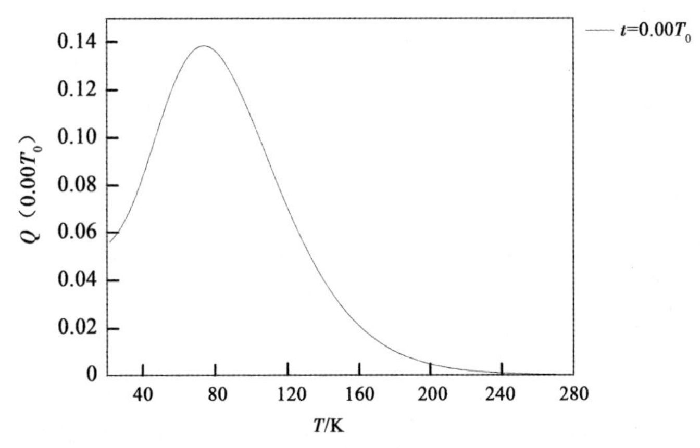

图 2-24 电子的概率密度 $Q(r, t)$ 在不同时刻与温度 T 的变化关系（$\omega_c=1.0$，$t=0.00T_0$）

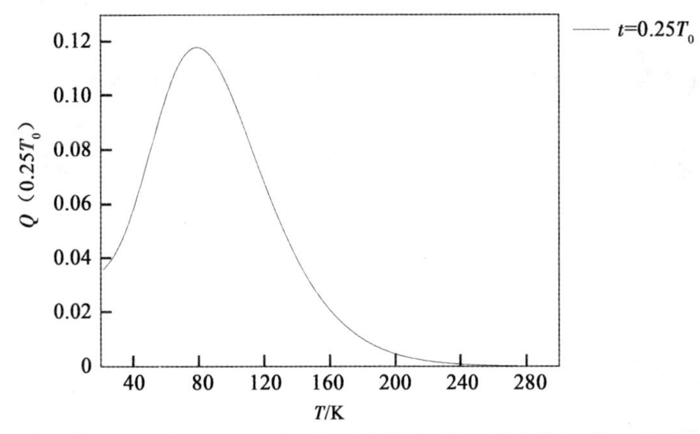

图 2-25 电子的概率密度 $Q(r, t)$ 在不同时刻与温度 T 的变化关系（$\omega_c=1.0$，$t=0.25T_0$）

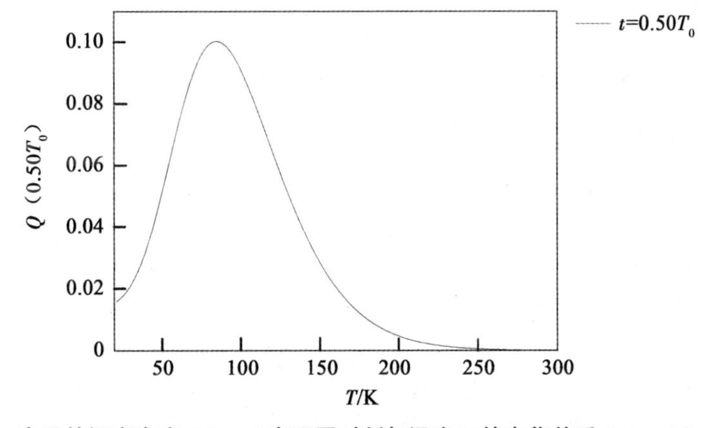

图 2-26 电子的概率密度 $Q(r, t)$ 在不同时刻与温度 T 的变化关系（$\omega_c=1.0$，$t=0.50T_0$）

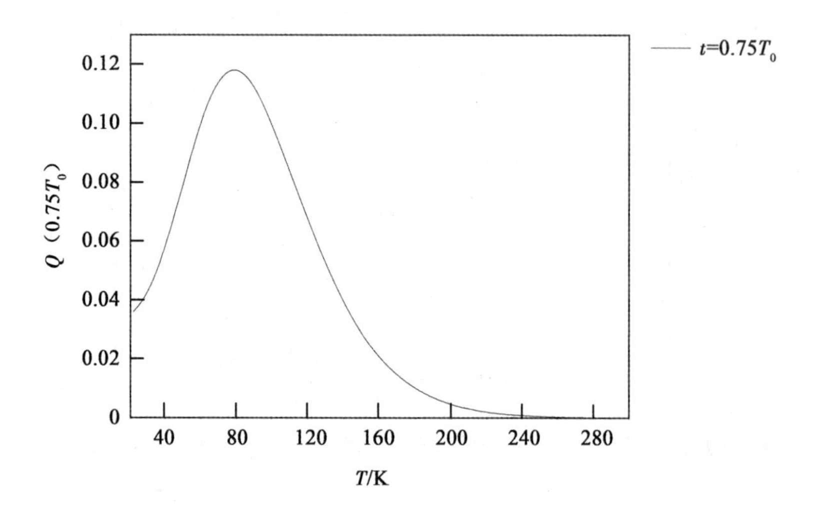

图 2-27　电子的概率密度 $Q(r, t)$ 在不同时刻与温度 T 的变化关系（$\omega_c=1.0$，$t=0.75T_0$）

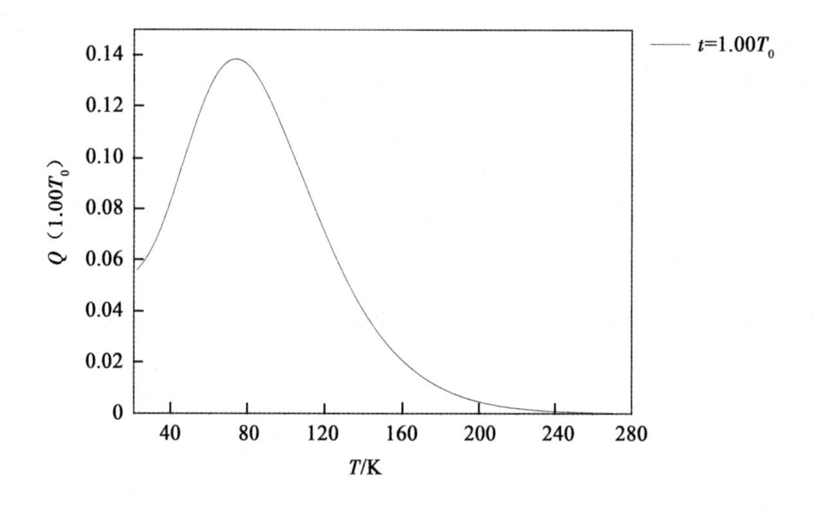

图 2-28　电子的概率密度 $Q(r, t)$ 在不同时刻与温度 T 的变化关系（$\omega_c=1.0$，$t=1.00T_0$）

图 2-24～图 2-28 表示当电子-声子耦合强度 $\alpha=9.0$，横向受限长度 $l_p=2.0$和纵向受限长度 $l_v=3.0$，相位差 $\cos\theta=1$，椭球的纵横比 $e'=1.4$ 和磁场回旋频率 $\omega_c=1.0$ 时，电子处在叠加态$\frac{1}{\sqrt{2}}(|0\rangle+|1\rangle)$上时的概率密度 $|\psi_{01}(\rho, z, t)|^2$ 随时间的变化规律。

可以发现，量子棒中电子的概率密度以周期 $T_0=\frac{h}{E_1-E_0}$ 在空间振荡。图2-24～图2-28中的时间 t 分别表示0，0.25，0.5，0.75，$1T_0$。图2-24～图2-28也表明电子概率密度在较低温度时随温度的增加而增加，在较高温度时随温度的增加而减少。这是因为随着温度的升高，电子和声子的热运动速度增加，电子与更多的声子相互作用。而在温度较低时，电子速度增加使其在叠加态出现概率增加的贡献较强，电子与更多声子相互作用破坏叠加态的程度较弱。因此，电子在该叠加态上概率密度分布增加，当温度较高时，电子与更多声子相互作用破坏叠加态的程度增强，电子速度增加使其在叠加态出现概率增加的贡献减弱，导致叠加态的概率密度分布的减少。

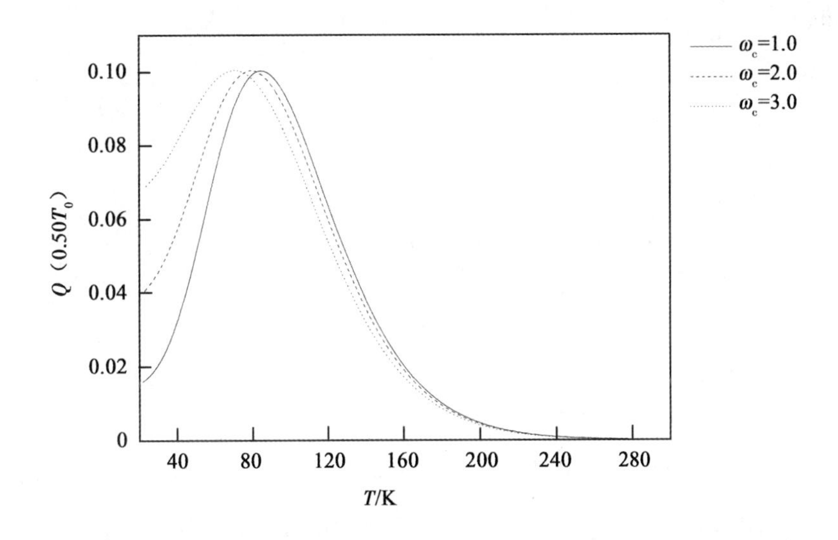

图2-29　在不同温度下电子的概率密度 $Q(r,\ t)$ 随回旋频率 ω_c 的变化关系

图2-29表示了当 $\alpha=9.0$，$l_p=2.0$，$l_v=3.0$，$\cos\theta=1$，$e'=1.4$ 时，电子处于叠加态 $\frac{1}{\sqrt{2}}(|0\rangle+|1\rangle)$ 时的概率密度 $|\psi_{01}(\rho,\ z,\ t)|^2$ 随回旋频率 ω_c 和温度 T 的变化关系。实线和虚线分别表示回旋频率在 $\omega_c=1.0$，$\omega_c=2.0$ 和 $\omega_c=3.0$ 的情况。图1-29表明当温度较低时，电子的概率密度随回旋频率 ω_c 的

增加而增加；当温度较高时，电子的概率密度随回旋频率 ω_c 的增加而减少。这是由于第一激发态的回旋频率弱于基态回旋频率，它们之间的能量差随回旋频率的增加而增加。电子在这两个能级间出现的概率减少，导致在温度较高时，电子的概率密度随其减少而减少；而在温度较低时，电子的概率密度随其增加而增加。这是由于电子速度的增加，导致处于叠加态电子的概率密度的增加贡献强于处于叠加态电子-声子之间的相互作用。

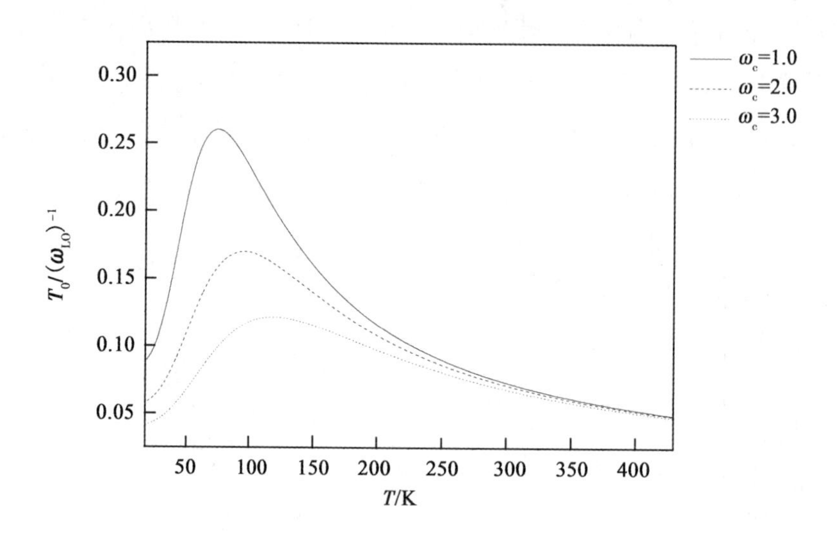

图 2-30　在不同温度下振动周期 T_0 随回旋频率 ω_c 的变化关系

图 2-30 表示的是当 $l_p=2.0$，$l_v=3.0$，$\cos\theta=1$，$e'=1.4$ 和 $\alpha=9.0$ 时，振动周期 T_0 随回旋频率 ω_c 和温度 T 的变化关系。图 2-30 表明振动周期随回旋频率增加而减少。这是由于随着回旋频率的增加，第一激发态的回旋频率弱于基态的回旋频率，第一激发态的能量增加量小于基态能量。因此，第一激发态和基态之间能量差的增加导致振动周期的减少。振动周期随着温度的增加，在温度较低时增加，而在温度较高时减少。原因是当温度较低时电子的速度增加导致处于叠加态的电子的概率密度的增加贡献强于电子和更多声子相互作用破坏叠加态的贡献。因此，使处在叠加态上电子的寿命延长和振动周期在温度较低时随温度的增加而增加。相反，在较高温度时，

前者弱于后者，导致振动周期随温度的增加而减少。

2.2.3 小　结

在磁场作用下，量子棒中电子与体纵光学声子强耦合时，电子概率密度和振动周期在较低温度时随温度的升高而增加，在较高温度时随温度的升高而减少。电子概率密度在较低温度时随磁场的回旋频率的增加而增大，在较高温度时随回旋频率的增加而减少。振动周期随回旋频率的增加而减少。

参考文献

[1] LI X Z, XIA J B.Electronic structure and optical properties of quantum rods with wurtzite structure [J]. Physical review B, 2002, 66 (11): 115316-1-115316-6.

[2] COMAS F, STUDART N, MARQUES G E.Optical phonons in semiconductor quantum rods[J].Solid state communications, 2004, 130(7): 477-480.

[3] CLIMENTE J I, ROYO M, MOVILLA J L, et al.Strong configuration mixing due to dielectric confinement in semiconductor nanorods [J]. Physical review B, 2009, 79(16): 161301-1-161301-4.

[4] TALAAT H, ABDALLAH T, MOHAMED M B, et al.The sensitivity of the energy band gap to changes in the dimensions of the CdSe quantum rods at room temperature: STM and theoretical studies [J]. Chemical physics letters, 2009, 473(4/5/6): 288-292.

[5] XIAO J, DING Z H.Impurity effect of a bound polaron in quantum rods [J].Journal of low temperature physics, 2011, 163(5): 302-310.

[6] XIAO J, ZHAO C L. Properties of strong-coupling magnetopolaron in quantum rods[J].Superlattices and microstructures, 2011, 49(1): 9-16.

[7] SIKORSKI C, MERKT U. Spectroscopy of electronic states in InSb quantum dots[J].Physical review letters, 1989, 62(18): 2164-2167.

[8] LORKE A, KOTTHAUS J P, PLOOG K.Coupling of quantum dots on GaAs[J].Physical review letters, 1990, 64(21): 2559-2562.

[9] NOMURA S, KOBAYASHI T. Exciton-LO-phonon couplings in spherical semiconductor microcrystallites [J]. Physical review B, 1992, 45 (3): 1305-1316.

[10] LI S S, XIA J B.Electronic structure and binding energy of a hydrogenic impurity in a hierarchically self-assembled GaAs/Al_xGa_{1-x}As quantum dot [J].Journal of applied physics, 2006, 100(8): 083714-1-083714-5.

[11] LI S S, XIA J B. Electronic states of a hydrogenic donor impurity in semiconductor nano-structures[J].Physics letters A, 2007, 366(1/2): 120-123.

[12] CHI F, LI S S. Spin-polarized transport through an Aharonov-Bohm interferometer with Rashba spin-orbit interaction[J].Journal of applied physics, 2006, 100(11): 113703-1-113703-5.

[13] SUN J K, LI H J, XIAO J L.The temperature effect of the triangular bound potential quantum dot qubit[J].Superlattices and microstructures, 2009, 46(3): 476-482.

[14] FEDICHKIN L, FEDOROV A.Error rate of a charge qubit coupled to an acoustic phonon reservoir[J].Physical review A, 2004, 69(3): 032311-1-032311-4.

[15] LI S S, XIA J B, LIU J L, et al.InAs/GaAs single-electron quantum dot qubit[J].Journal of applied physics, 2001, 90(12): 6151-6155.

[16] SUN Y, DING Z H, XIAO J L.The effect of magnetic field on a quantum rod qubit[J]. Journal of low temperature physics, 2012, 166(5): 268-278.

[17] LI S S, LONG G L, BAI F S, et al.Quantum computing[J].Proceedings of the national academy of sciences, 2001, 98(21): 11847-11848.

[18] LI W P, YIN J W, YU Y F, et al. The effect of magnetic on the properties of a parabolic quantum dot qubit[J].Journal of low temperature physics, 2010, 160(3): 112-118.

[19] SEK G, PODEMSKI P, MISIEWICZ J, et al.Photoluminescence from a

single InGaAs epitaxial quantum rod[J].Applied physics letters, 2008, 92(2): 021901-1-021901-3.

[20] LI L H, PATRIARCHE G, FIORE A.Epitaxial growth of quantum rods with high aspect ratio and compositional contrast[J].Journal of applied physics, 2008, 104(11): 113522-1-113522-4.

[21] BRUHN B, VALENTA J, LINNROS J. Controlled fabrication of individual silicon quantum rods yielding high intensity, polarized light emission[J].Nanotechnology, 2009, 20(50): 505301-1-505301-5.

[22] LUNDEBERG M B, SHEGELSKI M R A. Long tipping times of a quantum rod[J].Canadian journal of physics, 2006, 84(1): 19-36.

[23] SUN Z, SWART I, DELERUE C, et al. Orbital and charge-resolved polaron states in CdSe dots and rods probed by scanning tunneling spectroscopy[J]. Physical review letters, 2009, 102(19): 196401-1-196401-4.

[24] XIAO W, XIAO J L.Coulomb bound potential quantum rod qubit[J]. Superlattices and microstructures, 2012, 52(4): 851-860.

3　三角束缚势量子点量子比特性质

3.1　引　言

量子计算机，顾名思义就是实现量子计算的机器。它是一类遵循物理系统的量子力学性质、规律进行高速数学和逻辑计算、存储及处理量子信息的物理设备。当某个设备处理和计算的是量子信息，运行的是量子算法时，它就是真正意义上的量子计算机。量子计算机(QC)遵从的基本原理是：量子力学变量的分立特性，态叠加原理和量子相干性。QC与经典计算机的最大区别在于其信息的存储和处理的单位是量子比特(Qubit)。Qubit可以处于两个正交量子态$|0\rangle$和$|1\rangle$的叠加态。$|\varphi\rangle=a|0\rangle+b|1\rangle$，$|a|^2+|b|^2=1$。利用量子态的相干叠加性可进行量子的并行运算，从而使量子算法有可能比经典算法更加有效。许多两态量子系统均可作为Qubit的载体，如二能级原子、光子的两个偏振态、电子的两个自旋态，等等。

迄今为止，正在应用中的各种不同类型的计算机都是以经典物理学为信息处理的理论基础，被称为传统计算机或经典计算机。在计算机的器件尺度方面，经典计算机在达到体积小、容量大和速度快的要求方面受到限制。而量子计算机是遵循着独一无二的量子动力学规律(特别是量子干涉)来实现一种信息处理的新模式。它以原子量子态作为记忆单元、开关电路和信息储存形式，组成量子计算机硬件的各种元件达到原子级尺寸，其体积比现在同类元件小得多。在计算问题并行处理方面，量子计算机比起经典计算机有着速度上的绝对优势。

1961 年，Landauer 研究了热耗散对进行计算的元、部件或装置上的物理限制，指出计算中的不可逆操作必然产生热耗散，如擦除一个比特信息必定是一种耗散过程，强调可逆操作原则上没有功的消耗。1973 年，Benett 证明，所有经典不可逆计算机都可以改造为可逆计算机，而不影响其计算能力。自从 1982 年 Feynman 提出了量子计算机的概念后，量子计算机的研究经历了更加迅猛的发展历程。1985 年，Deutsch 提出了量子计算机的第一张蓝图，将量子力学和信息处理两个领域结合起来。1992 年，Deutsch 在量子力学叠加性原理的基础上提出了 Deutsch-Jozsa 算法。1994 年，Shor 提出将大数质因子分解问题的量子算法，此方法极大地促进了量子计算的发展，使人们第一次清楚地看到了量子计算独具优势的重要应用前景。1995 年，Monroe 首先利用冷阱离子束缚技术实现量子异或门操作，揭开了实验上实现量子计算机的序幕。1996 年，Lloyd 证明了 Feynman 的猜想即量子计算机可以模拟一个局域量子系统，并从理论上证明了量子图灵机可以等价为一个量子逻辑门电路，因此，可以通过一些量子逻辑门的组合来构造量子计算机。1998 年，Chang 首次利用核磁共振的技术实现了两个量子位 Grover 搜索算法。1999 年，日本的 Hakamurra 等利用超导固体电子器件创造出量子位，并能使其实行电的控制。2000 年，Cirac 等人论证了从微离子阱可大尺度化的量子计算机方案。同年，IBM 公司和斯坦福大学等的科学家们联合研制出了 5 个量子位的量子计算装置。2001 年，IBM 公司和斯坦福大学在《自然》杂志上宣布已经实现了 7 个量子位的量子计算装置。2005 年，张军等研究了13公里自由空间纠缠光子分发，在13公里的距离上，光子的纠缠特性仍然能够保持实验结果，让人们开始思考实现全球化的量子通信的可能性，也激发了人们研究量子计算机的热情。量子计算机的研究已成为当今信息科学迅猛发展的方向，科学家们在理论和实验上正进行着大量的研究，期盼早日实现量子计算机。它的实现必将使人类进入一个新的时代。

随着在理论和实验上对量子计算机研究的进步，人们又相继提出了许多新的量子算法，如著名的Grover无序数据库的搜索算法、Deutsh-Jozsa算法等，这些算法一旦在量子计算机上实现，人们的生活将因此而发生翻天覆地的变化。这些算法激励着人们提出一些QC方案，如超导体Josephson结、核与电子的自旋、腔量子电动力学方法、离子阱方法、液态核磁共振方法等。无论采取何种方案，量子比特的物理实现必须具备以下7个基本条件：① 具有很好的定义；② 能初始化(输入)；③ 可控制(进行运算)；④ 至少有两个比特耦合进行多比特操作；⑤ 能够测量量子比特(要输出运算结果)；⑥ 有足够长的量子相干时间；⑦ 能够规模化。

要将量子比特规模化，显然采用固态量子比特体系是比较可行的方案之一。在固态量子计算机中也有多种方案如：① 超导QC方案。早在1985年，诺贝尔物理学奖获得者Leggett就提出可以用超导Josephson器件来观测宏观量子现象，随着实验条件和样品加工的进步，人们在超导Josephson器件中陆续观测到量子隧穿、能级量子化、共振隧穿、量子态相干叠加、量子相干振荡等各种量子现象。② 固态核磁共振QC方案。1998年，澳大利亚南威尔士大学的Kane提出一种著名的固态QC构造方案，由于^{31}P的核自旋$I=\frac{1}{2}$在强磁场下的塞曼效应将分裂出两个能级，Kane提出利用这一系统来表示Qubit，并进行了系统的研究。③ 量子点QC方案。利用量子点来实现量子比特是当今量子信息领域最热门的研究方向之一。

对于量子点QC方案的研究工作非常多，内容也很丰富，但目前只处于基础研究阶段，存在着很多待克服的问题。下面简述国内外学者对量子点方案的研究近况：Li 等研究了量子点中单电子量子态随时间的演化，他们提出了一个参数相图方案，定义了单量子点能作为量子比特的参数使用范围；You 等利用格林函数理论方法详细地研究了双量子点体系的能谱，对指导双量子点比特有重要的指导意义；李树深等提出了一个构造量子点量子比特的新方案，利用激子来储存量子信息，与常规量子点量子比特相比，相干性大为改善；Hayashi 等研究了在一个半导体双量子点中利用高速脉冲电压来控制系统的能级，得到了一个完全可以调控的量子比特，并对量子比特的相干振荡进行了观察；Bianucci 等在一个自组织半导体量子点中实现了量子干涉和单量子逻辑门；Thorwart 等研究了量子点中固定的塞曼能级上基于单电子自旋的量子比特的相干旋转，通过对 GaAs 量子点的数值计算得出了需要磁场的大小和方向；Ezaki 等人研究了三角束缚势量子点中电子的能级结构。量子计算机和经典机的最本质区别是前者利用了量子相干性实现量子并行运算，而处于叠加态或缠绕态的量子系统，会因不可避免的噪声而发生消相干，使正常的相干演化遭受破坏。因此，研究如何克服量子比特的消相干成为一个热门的话题，陈平形等人研究了单个量子位与热库场作用时量子位的消相干规律；王子武等研究了抛物线性限制势和库束缚势对量子点量子比特消相干的影响，以及抛物量子点量子比特及其性质。刘云飞等研究了激子量子比特的纯退相干；陈英杰等人研究了抛物量子点量子比特的温度效应。

以固态量子点来实现量子计算机的方案是当今信息科学的研究热点，本书以三角束缚势量子点中的二能级系统为基础，设计了一种量子计算机的基本信息存储单元——量子比特模型，并深入地研究了这种量子比特的性质。首先，对量子计算机研究的国内外情况进行了简单回顾和评述。其次，应用 Peker 变分方法在三角束缚势量子点中，在电子与体纵光学声子强耦合的条件下，得出了电子的基态和第一激发态的本征能量及基态和第一激发态本征波函数。量子点中这样的二能级体系可作为一个量子比特。当电子处于基态和第一激发态的叠加态时，计算出电子在空间的概率分布做周期性振荡，并且得出了振荡周期随受限长度、耦合强度和极角的变化关系。再次，在所设计的三角束缚势量子点量子比特模型中，进一步考虑了温度对此种量子比特性质的影响。接着，在所设计的三角束缚势量子点量子比特模型中，又考虑了库仑束缚势对此种量子比特性质的影响。最后，对三角束缚势量子点量子比特的性质进行总结。

3.2 三角束缚势量子点量子比特及其光学声子效应

本章采用 Pekar 类型的变分方法，计算了电子基态和第一激发态的本征波函数和本征能量。当电子处于基态和激发态的叠加态时，经数值计算，分别讨论了电子-声子耦合强度、量子点受限长度、极角对量子比特振荡周期和电子概率密度的影响。

3.2.1 理论模型

设在单一电子量子点中，电子在 z 方向比 x 和 y 方向受限强得多，设电子在 x-y 平面内运动，仅考虑电子-体纵光学声子耦合，电子的束缚势为三角束缚势，如图 3-1 所示，可写为

$$V_{\rho,\theta}=\frac{1}{2}m^{*}\omega_0{}^2\rho^2\left(1+\frac{2}{7}\cos 3\theta\right) \tag{3.1}$$

其中，m^{*} 为电子的带质量，ω_0 为量子点的受限强度，ρ 和 θ 为极坐标中的极径和极角（以直角坐标系的原点为原点，以 x 轴正向为极轴）。电子-声子体系的哈密顿量为

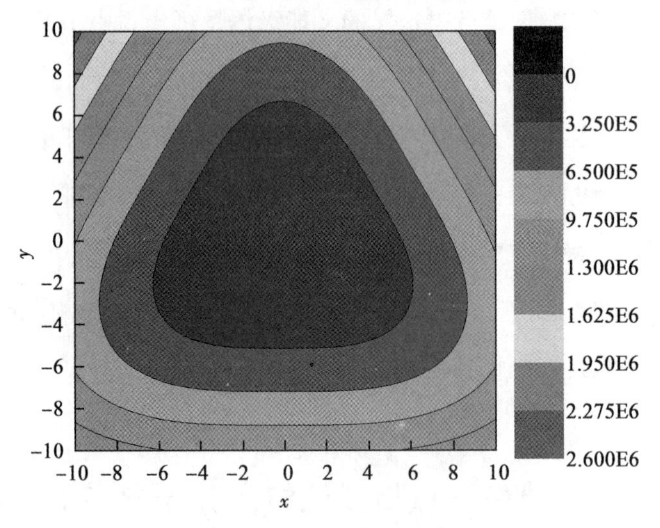

图 3−1　三角束缚势示意图

$$H = -\frac{\hbar^2}{2m^*}\nabla_\rho^2 + V_{\rho,\theta} + \sum_q b_q^\dagger b_q \hbar\omega_{LO} + \sum_q (V_q e^{iq\cdot r} b_q + h.c) \qquad (3.2)$$

其中，$b_q^\dagger(b_q)$为波矢为q的LO声子的产生(湮灭)算符，ω_{LO}为LO声子的频率，$r(\rho,\theta)$为三维坐标矢量。为了计算方便采用极化子单位（$\hbar=\omega_{LO}=2m^*=1$)，系统的哈密顿量可以写为

$$H' = -\nabla_\rho^2 + \frac{1}{4}\omega_0{}^2 r^2\left(1+\frac{2}{7}\cos 3\theta\right) + \sum_q b_q^\dagger b_q + \sum_q (V_q e^{iq\cdot r} b_q + h.c) \qquad (3.3)$$

其中

$$V_q = \frac{i}{q}\left(\frac{8\pi^2\alpha^2}{V^2}\right)^{\frac{1}{4}} \qquad (3.4)$$

$$\alpha = \left(\frac{e^4}{2}\right)^{\frac{1}{2}}\left(\frac{1}{\varepsilon_\infty}-\frac{1}{\varepsilon_0}\right) \qquad (3.5)$$

α为电子−LO声子的耦合强度。

对哈密顿量式(3.3)作LLP变换，得到

$$U = \exp\left[\sum_q (f_q b_q^\dagger - f_q^* b_q)\right] \qquad (3.6)$$

其中，f_q 是变分函数，则

$$H''=U^{-1}H'U \tag{3.7}$$

在高斯函数近似下，依据 Pekar 类型变分法，电子-LO 声子系统的基态尝试波函数可以选为

$$|\phi_0\rangle=|0\rangle|0_{ph}\rangle=\pi^{-\frac{1}{2}}\cdot\lambda_0\cdot\exp\left(-\frac{\lambda_0^2\rho^2}{2}\right)|\xi(z)\rangle|0_{ph}\rangle \tag{3.8}$$

电子-LO 声子系统的激发态尝试波函数可以选为

$$|\phi_1\rangle=|1\rangle|0_{ph}\rangle=\pi^{-\frac{1}{2}}\cdot\lambda_1^2\cdot\rho\cdot\exp\left(-\frac{\lambda_1^2r^2}{2}\right)\cdot|\xi(z)\rangle\exp(\pm\mathrm{i}\phi)|0_{ph}\rangle \tag{3.9}$$

其中，λ_0 和 λ_1 为变分参量，$|0_{ph}\rangle$ 为无微扰零声子态，$b_q|0_{ph}\rangle=0$，$|0\rangle$ 和 $|1\rangle$ 满足 $\langle0|0\rangle=1$，$\langle1|1\rangle=1$，$\langle1|0\rangle=0$。

由 $E_0=\langle\phi_0|H''|\phi_0\rangle$，$E_1=\langle\phi_1|H''|\phi_1\rangle$ 通过变分法可以得到变分参量 λ_0，λ_1，从而可得到基态和激发态能量及其本征波函数，得出了一个量子比特所需要的二能级体系，当电子处于这样一个叠加态

$$|\varphi_{01}\rangle=\frac{1}{\sqrt{2}}(|1\rangle+|0\rangle) \tag{3.10}$$

叠加态随时间的演化可以表示为

$$|\phi_{01}(r,\theta,t)\rangle=\frac{1}{\sqrt{2}}\left[|0\rangle\exp\left(-\frac{\mathrm{i}E_0t}{\hbar}\right)+|1\rangle\exp\left(-\frac{\mathrm{i}E_1t}{\hbar}\right)\right] \tag{3.11}$$

在空间各方位上基态和激发态能量差

$$\Delta E(\theta)=E_1(\theta)-E_0(\theta)$$
$$=-\lambda_0{}^2+2\lambda_1{}^2-\frac{1+\frac{2}{7}\cos3\theta}{\lambda_0{}^2l_0{}^4}+\frac{2+\frac{4}{7}\cos3\theta}{\lambda_1{}^2l_1{}^4}-\sqrt{2\pi\omega_{\mathrm{LO}}}\,\alpha\left(\frac{11}{32}\lambda_1-0.5\lambda_0\right) \tag{3.12}$$

电子在空间各方位的概率密度可表示为

$$Q(\rho,\ \theta,\ t)=\frac{1}{2}[\|0\rangle|^2+\|1\rangle|^2+|\langle 0|1\rangle|\exp(-i\omega_{01}(\theta)t)+|\langle 1|0\rangle|\exp(i\omega_{01}(\theta)t)] \tag{3.13}$$

其中

$$\omega_{01}(\theta)=\frac{E_1(\theta)-E_0(\theta)}{\hbar} \tag{3.14}$$

3.2.2 数值结果与讨论

为了更清楚地说明在三角束缚势作用下量子点量子比特电子的空间概率分布及量子比特振荡周期随电子-体纵光学声子耦合强度 α、量子点的受限长度 l_0 及极角 θ 之间的变化关系，数值计算结果如图 3-2~图 3-5 所示。

图 3-2 描绘了在极角 $\theta=2\pi$ 时，量子比特振荡周期 T_0 随量子点受限长度 l_0 和电子-体纵光学声子耦合强度 α 的变化关系。由图 3-2 可知：① 振荡周期随量子点受限长度 l_0 的减小而减小。这是因为三角束缚势的存在，限制了电子的运动范围。当受限长度减小时，以声子为媒介的电子-体纵光学声子相互作用和电子热运动的能量由于电子运动范围的减小而增大，从而使基态和激发态的能量差变大，振荡周期变小，这正体现了量子尺寸效应。② 振荡周期随电子-体纵光学声子耦合强度的增大而减小。这是因为随着电子-体纵光学声子耦合强度的增加，电子-声子的耦合强度在激发态比在基态的弱，使基态激发态能量差变大，从而使振荡周期变小。

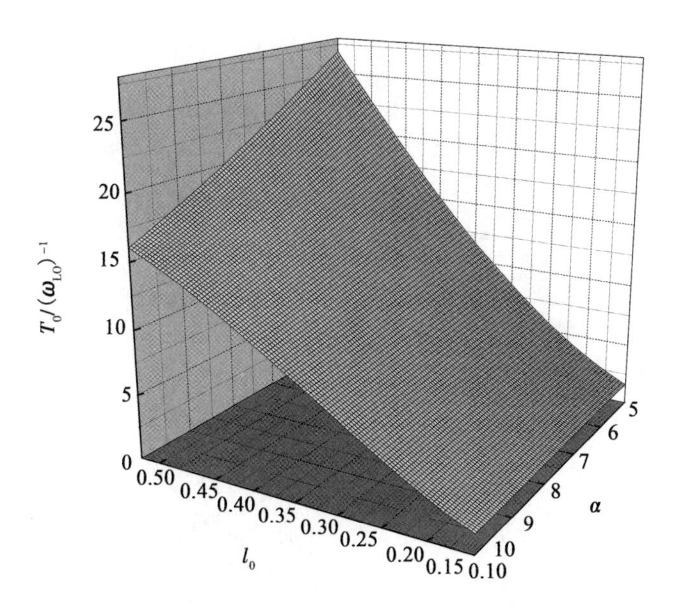

图 3-2　振荡周期 T_0 随受限长度 l_0 及电子-声子耦合强度 α 的变化关系

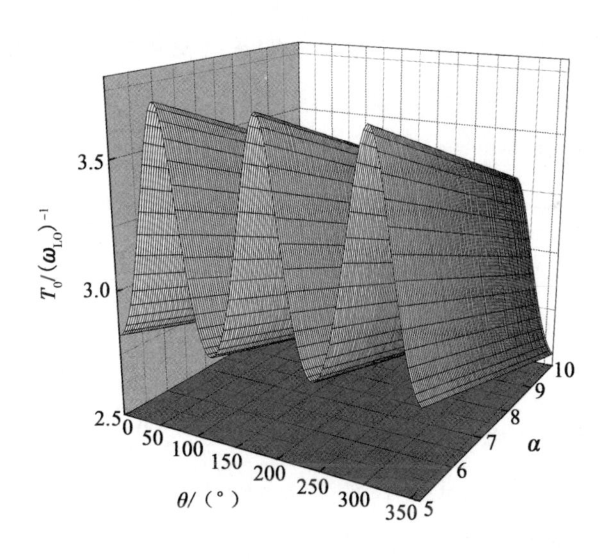

图 3-3　量子点受限长度 $l_0=0.1$ 时，量子比特振荡周期

T_0 随耦合强度 α 和极角 θ 的变化关系

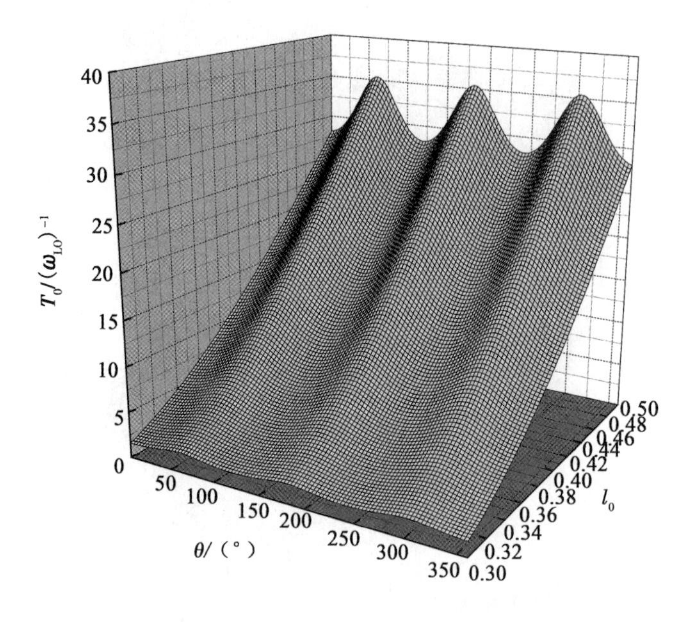

图 3-4　振荡周期 T_0 随受限长度 l_0 和极角 θ 的变化关系

图 3-3 为电子-体纵光学声子耦合强度 α 的变化关系，从图中可以看出，振荡周期 T_0 随电子-体纵光学声子耦合强度 α 的增大而减小（原因同图 3-2）。同时还可以看出，振荡周期 T_0 随着极角 θ 呈周期性的变化，这种变化正是由于受到三角束缚势的影响而产生的。由图 3-3 可知，随着电子-声子耦合强度的增加极角对振荡周期的影响变小，这是因为随着耦合强度的增加基态和激发态能级差的增大变慢而致。

图 3-4 描绘了在电子-体纵光学声子耦合强度 $\alpha=5$ 时，量子比特的振荡周期 T_0 随量子点受限长度 l_0 和极角 θ 的变化关系。从图中可以看出，振荡周期 T 随受限长度 l_0 的增大而迅速增大（原因同图 3-2）。同时由于三角束缚势的影响，在受限长度一定时，振荡周期随极角的变化呈周期性变化。由图 3-4 可知，随受限长度 l_0 的减小，振荡周期 T_0 随极角 θ 的变化平缓，这是因为受限长度的减小使基态和激发态能级差的增大变慢而致。

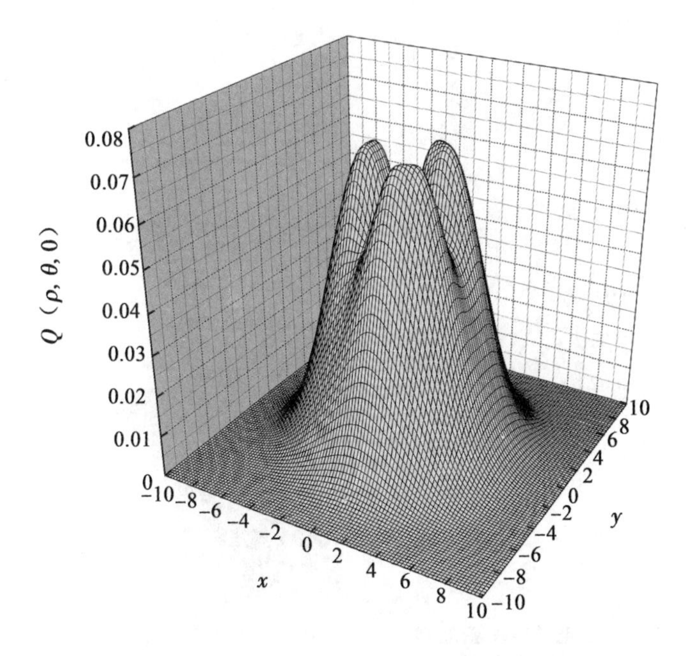

图 3-5　电子概率密度 $Q(\theta, \rho, t)$ 随坐标变化规律($t=0$)

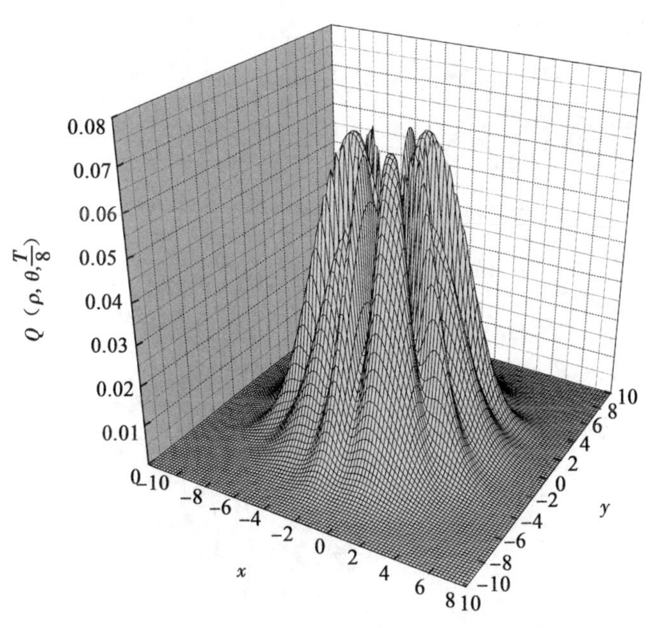

图 3-6　电子概率密度 $Q(\theta, \rho, t)$ 随坐标变化规律($t=\frac{T}{8}$)

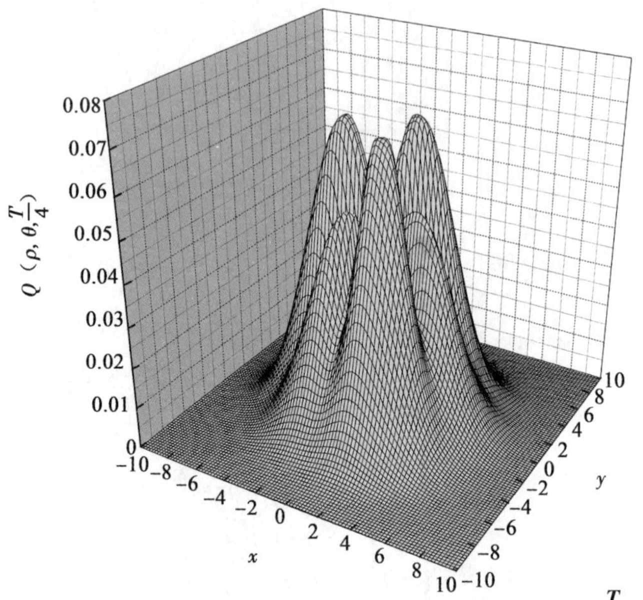

图 3-7　电子概率密度 $Q(\theta, \rho, t)$ 随坐标变化规律 $(t=\frac{T}{4})$

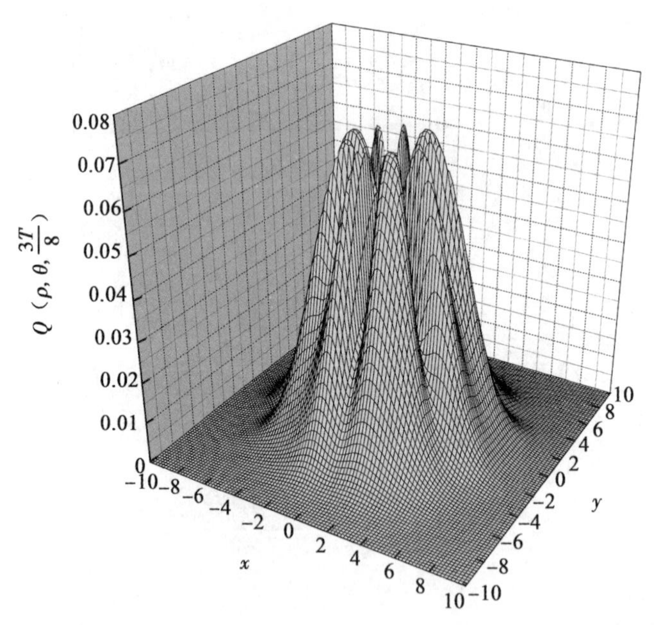

图 3-8　电子概率密度 $Q(\theta, \rho, t)$ 随坐标变化规律 $(t=\frac{3T}{8})$

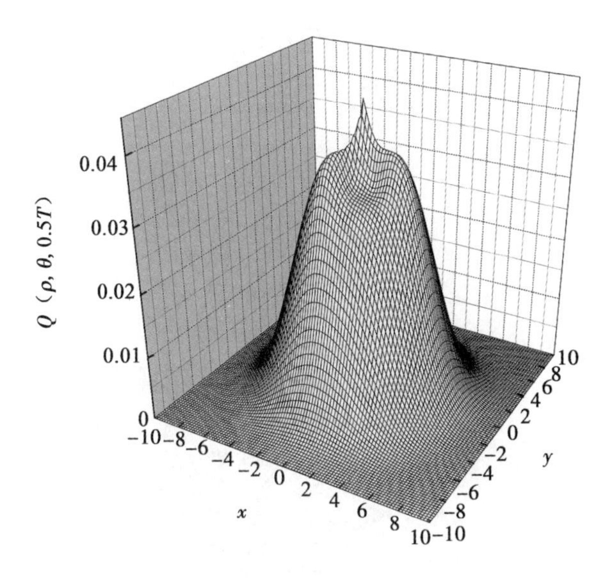

图 3-9　电子概率密度 $Q(\theta, \rho, t)$ 随坐标变化规律($t=0.5T$)

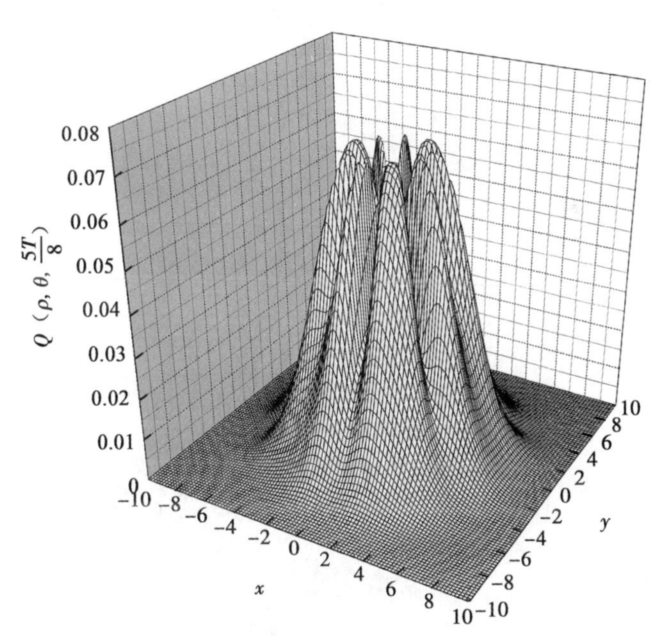

图 3-10　电子概率密度 $Q(\theta, \rho, t)$ 随坐标变化规律($t=\frac{5T}{8}$)

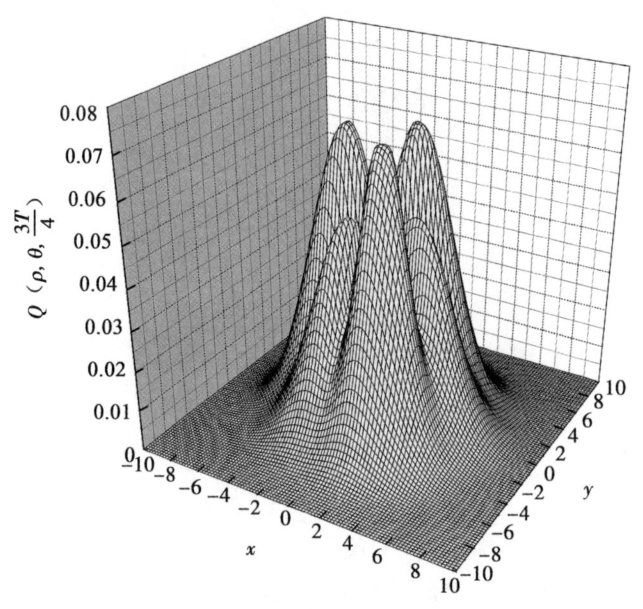

图 3-11　电子概率密度 $Q(\theta, \rho, t)$ 随坐标变化规律 $\left(t=\frac{3T}{4}\right)$

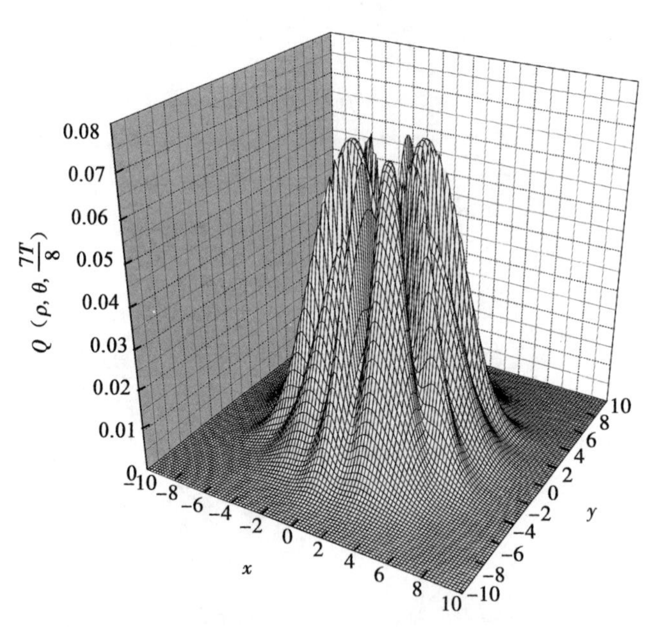

图 3-12　电子概率密度 $Q(\theta, \rho, t)$ 随坐标变化规律 $\left(t=\frac{7T}{8}\right)$

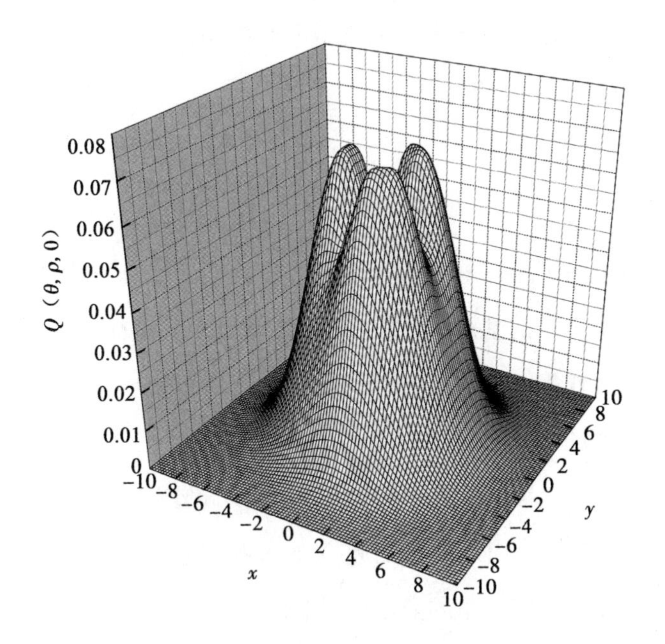

图 3-13　电子概率密度 $Q(\theta,\rho,t)$ 随坐标变化规律($t=T$)

图 3-4～图 3-13 描绘了在耦合强度 $\alpha=8$，受限长度 $l_0=0.3$，相位差 $\phi=2\pi$，电子处于叠加态$\frac{1}{\sqrt{2}}(|0\rangle+|1\rangle)$时，电子的概率密度 $Q(\theta,\rho,t)$在空间随时间的演化(图 3-4～图 3-13 中的ρ 和θ 的意义同图 3-1)。图 3-4～图 3-13 中的时间 t 分别取 0，$\frac{T_0(\theta')}{8}$，$\frac{T_0(\theta')}{4}$，$\frac{3T_0(\theta')}{8}$，$\frac{T_0(\theta')}{2}$，$\frac{5T_0(\theta')}{8}$，$\frac{3T_0(\theta')}{4}$，$\frac{7T_0(\theta')}{8}$，$T_0(\theta')$，其中，$T_0(\theta')=\frac{\hbar}{\Delta E(\theta')}$。从图 3-4～图 3-13 中可以看出，电子的概率密度以周期 T_0 在空间振荡。由图中还可以看出，在任意时刻电子的概率密度随极角的变化在空间呈周期性的分布，可见，三角束缚势直接影响了量子比特的振荡周期和电子的概率密度。

在实际中，电子-声子的耦合通常是在强区域，在晶体的受限长度变小时，电子-声子耦合使电子的基态和激发态能量差变大，使跃迁时间变小，从而使消相干时间变短，破坏量子比特的稳定性。但是在环境保持低温的条件下，我们可以忽略环境热库对消相干的影响，仅考虑真空涨落对消相干的影响。

3.2.3 小结

在电子-声子强耦合条件下，利用 Pekar 类型的变分方法计算了三角束缚势下量子点中电子的基态，激发态本征波函数及其本征能量，将基态、激发态二能级系统作为一个量子比特。数值计算结果表明，量子比特的振荡周期随受限长度的增加而增大，随电子-LO 声子耦合强度的增大而减小；随耦合强度的减小，受限长度对振荡周期的影响起主要作用；随受限长度增加，耦合强度对振荡周期的影响起主要作用；同时量子比特的振荡周期及电子的概率密度均随极角的变化呈周期性变化。

3.3 三角束缚势量子点量子比特的温度效应

在量子信息领域里，对任何物理系统构成的量子比特的实验都是在有限温度下进行的，热效应会引起系统的退相干，破坏系统对信息的存储。因此，构造量子比特时有必要把温度的效应考虑进去。本章采用 Pekar 类型的变分方法，在电子-体纵光学声子强耦合的条件下，计算了三角束缚势量子点中量子比特的温度效应。

3.3.1 理论模型

设电子在一个方向（设为 z 方向）比另外两个方向受限强得多，所以只考虑电子在 x-y 平面上的运动。假设单一量子点中电子的束缚势为三角势

$$V(\rho)=\frac{1}{2}m^{*}\omega_0^2\rho^2(1+\cos 3\theta) \tag{3.15}$$

其中，m^*为电子带质量；ω_0为量子点的受限强度；θ，ρ为在极坐标下的极角和极径。

电子-声子体系的哈密顿量

$$H=-\frac{\hbar^2}{2m^*}\nabla_\rho^2+\frac{1}{2}m^*\omega_0^2\rho^2(1+\cos3\theta)+\sum_q\hbar\omega_{\mathrm{LO}}b_q^+b_q+\sum_q(V_q\mathrm{e}^{\mathrm{i}q\cdot r}+h.c) \tag{3.16}$$

其中，ω_{LO}为体纵光学声子的频率，$b_q^+(b_q)$为波矢为q的体纵光学声子的产生(湮灭)算符，$r(\rho, z)$为电子坐标，且

$$V_q=\left(\mathrm{i}\frac{\hbar\omega_{\mathrm{LO}}}{q}\right)\left(\frac{\hbar}{2m^*\omega_{\mathrm{LO}}}\right)^{\frac{1}{4}}\left(\frac{4\pi\alpha}{V}\right)^{\frac{1}{2}} \tag{3.17}$$

$$\alpha=\left(\frac{e^2}{2\hbar\omega_{\mathrm{LO}}}\right)\left(\frac{2m^*\omega_{\mathrm{LO}}}{\hbar}\right)^{\frac{1}{2}}\left(\frac{1}{\varepsilon_\infty}-\frac{1}{\varepsilon_0}\right) \tag{3.18}$$

对哈密顿量式(3.16)进行LLP变换

$$U=\exp\left[\sum_q(f_qb_q^+-f_q^*b_q)\right] \tag{3.19}$$

其中，f_q为变分函数，则

$$H'=U^{-1}HU \tag{3.20}$$

在高斯函数近似下，依据Pekar类型的变分方法，电子-声子体系的基态、第一激发态尝试波函数分别为

$$|\varphi_{e-p}\rangle=\frac{\lambda}{\sqrt{\pi}}\exp\left(-\frac{\lambda^2\rho^2}{2}\right)|\xi(z)\rangle|0_{ph}\rangle \tag{3.21}$$

$$|\varphi_{e-p}\rangle'=\frac{\lambda^2}{\sqrt{\pi}}\rho\exp\left(-\frac{\lambda^2\rho^2}{2}\right)\exp(\pm\mathrm{i}\phi)|\xi(z)\rangle|0_{ph}\rangle \tag{3.22}$$

其中，λ是变分参量。因为电子在z方向强受限，可将其看成只在无限薄的

狭层内运动，所以$\langle \xi(z) | \xi(z) \rangle = \delta(z)$，$| 0_{ph} \rangle$为无微扰零声子态，满足$b_q | 0_{ph} \rangle = 0$，且$\langle \varphi_{e-p} | \varphi_{e-p} \rangle' = 0$，$\langle \varphi_{e-p} | \varphi_{e-p} \rangle = 1$，$'\langle \varphi_{e-p} | \varphi_{e-p} \rangle' = 1$。采用通常的极化子单位（$\hbar = 2m^* = \omega_{LO} = 1$），则电子-声子系统的基态、第一激发态的能量分别为

$$E_0(\lambda_0, \theta) = \langle \varphi_{e-p} | H' | \varphi_{e-p} \rangle \tag{3.23}$$

$$E_1(\lambda_1, \theta) = '\langle \varphi_{e-p} | H' | \varphi_{e-p} \rangle' \tag{3.24}$$

用变分法得出λ_0，λ_1的值，即可得出本征能级、相应的本征波函数和能量差

$$\Delta E(\lambda_1, \lambda_0, \theta) = E_1(\lambda_1, \theta) - E_0(\lambda_0, \theta) \tag{3.25}$$

这样，得到了一个量子比特所需要的二能级体系，当电子处于这样一个叠加态时

$$| \psi_{01} \rangle = \frac{1}{\sqrt{2}}(| 0 \rangle + | 1 \rangle) \tag{3.26}$$

其中

$$| 0 \rangle = \varphi_0(\rho) = \frac{\lambda_0}{\sqrt{\pi}} \exp\left(-\frac{\lambda_0^2 \rho^2}{2}\right) \tag{3.27}$$

$$| 1 \rangle = \varphi_1(\rho) = \frac{\lambda_1^2}{\sqrt{\pi}} \rho \exp\left(-\frac{\lambda_1^2 \rho^2}{2}\right) \exp(\pm i\phi) \tag{3.28}$$

则叠加态随时间的演化可以表示为

$$\psi_{01} = \frac{1}{\sqrt{2}}\left[| 0 \rangle \exp\left(-\frac{iE_0 t}{\hbar}\right) + | 1 \rangle \exp\left(-\frac{iE_1 t}{\hbar}\right) \right] \tag{3.29}$$

电子在空间的概率密度

$$Q(\rho, \theta, t) = |\psi_{01}(t, \rho)|^2$$
$$= \frac{1}{2}[\,|\,|0\rangle|^2 + |\,|1\rangle|^2 + |\,0\rangle|1\rangle|\exp(-\mathrm{i}\omega_{01}t) + |\,|1\rangle|0\rangle|\exp(\mathrm{i}\omega_{01}t)\,] \tag{3.30}$$

其中

$$\omega_{01}(\theta) = \frac{(E_1(\theta) - E_0(\theta))}{\hbar} \tag{3.31}$$

则有振荡周期

$$T_0 = \frac{2\pi}{\omega_{01}} \tag{3.32}$$

量子点中电子周围光学声子平均数(叠加态)为

$$\bar{N} = \langle \psi_{01} | U^{-1} \sum_q b_q^+ b_q U | \psi_{01} \rangle$$
$$= \frac{1}{2}(2\pi)^{\frac{1}{2}}\alpha\lambda_0 + \frac{11}{32}(2\pi)^{\frac{1}{2}}\alpha\lambda_1 \tag{3.33}$$

在有限温度下，电子-声子体系不再完全处于基态，晶格振动不但激发实声子，同时，也使得电子受到激发，极化子的性质是电子-声子系统对各种状态的统计平均，根据量子统计学可知

$$\bar{N} = \left[\exp\left(\frac{\hbar\omega_{\mathrm{LO}}}{k_B T}\right) - 1\right]^{-1} \tag{3.34}$$

其中，k_B 是波耳兹曼常数。由式(3.33)可以看出，λ_1，λ_2 不仅与 $\bar{N}$ 有关，而且还必须与方程(3.34)自洽。所以，概率密度 Q 与 $\bar{N}$ 和 T 都有关系。

3.3.2 数据结果与讨论

为了更清楚地说明三角束缚量子点量子比特二能级系统中电子的

概率密度和振荡周期与温度、电子-声子耦合强度、量子点受限长度和极角的关系，我们进行了数值计算，数值结果如图 3-14～图 3-21 所示。

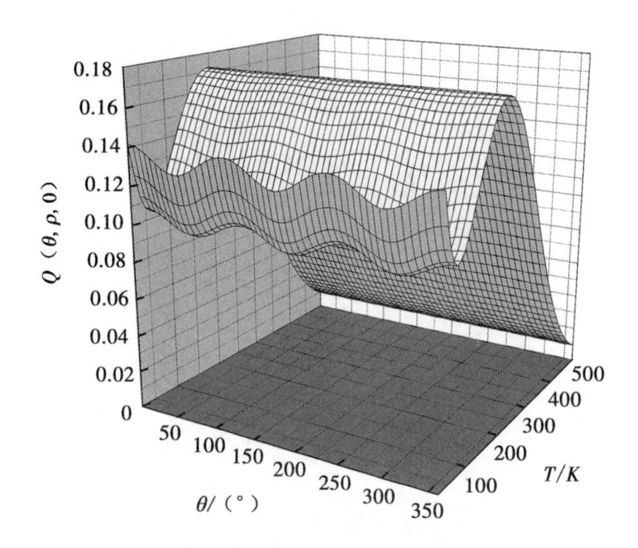

图 3-14　电子的概率密度 $Q(\rho, \theta, t)$ 与极角 θ 和温度 T 的变化关系 $(t=0)$

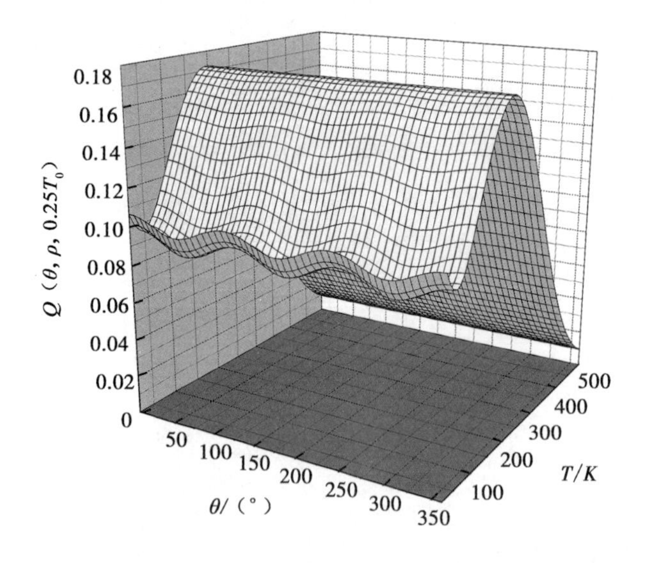

图 3-15　电子的概率密度 $Q(\rho, \theta, t)$ 与极角 θ 和温度 T 的变化关系 $(t=0.25T_0)$

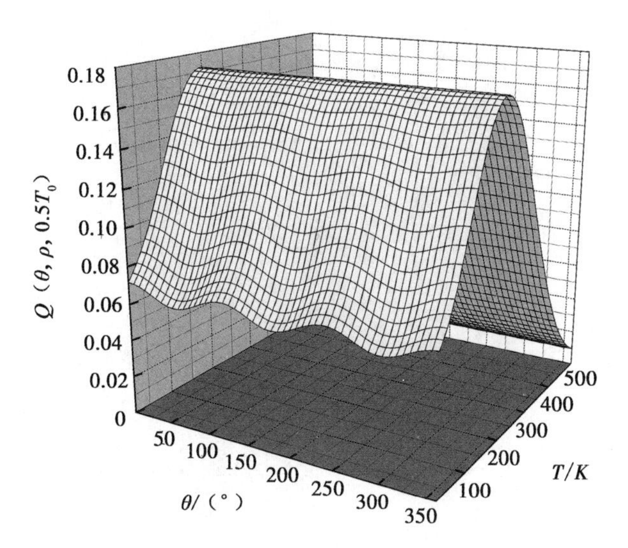

图 3-16　电子的概率密度 $Q(\rho, \theta, t)$ 与极角 θ 和温度 T 的变化关系 $(t=0.5T_0)$

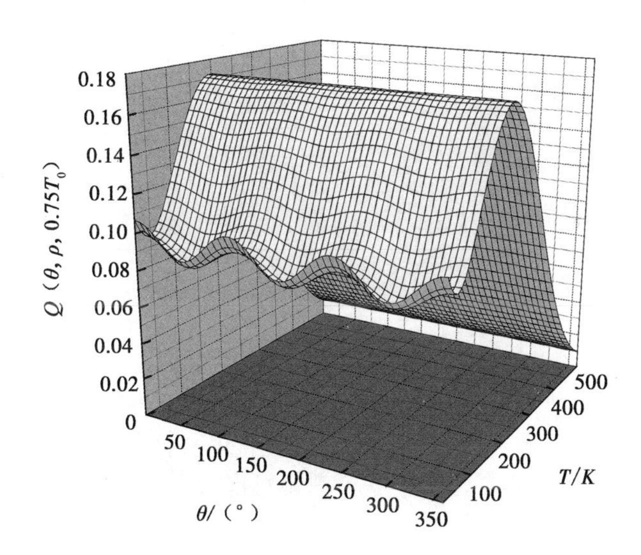

图 3-17　电子的概率密度 $Q(\rho, \theta, t)$ 与极角 θ 和温度 T 的变化关系 $(t=0.75T_0)$

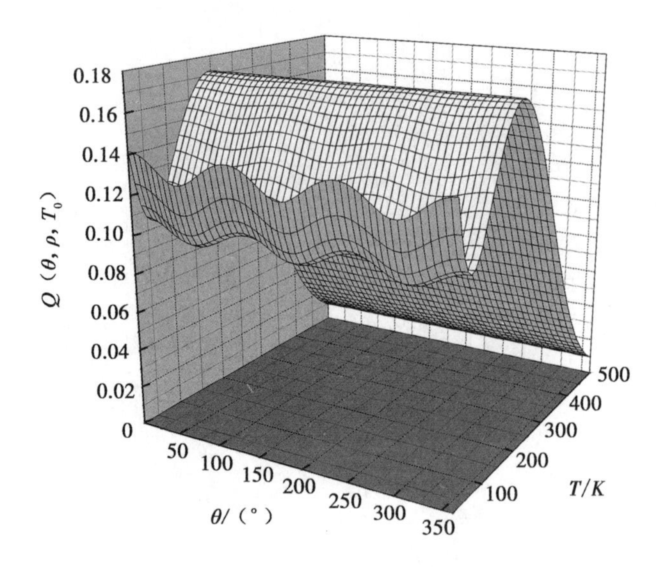

图 3-18　电子的概率密度 $Q(\rho, \theta, t)$ 与极角 θ 和温度 T 的变化关系 $(t=T_0)$

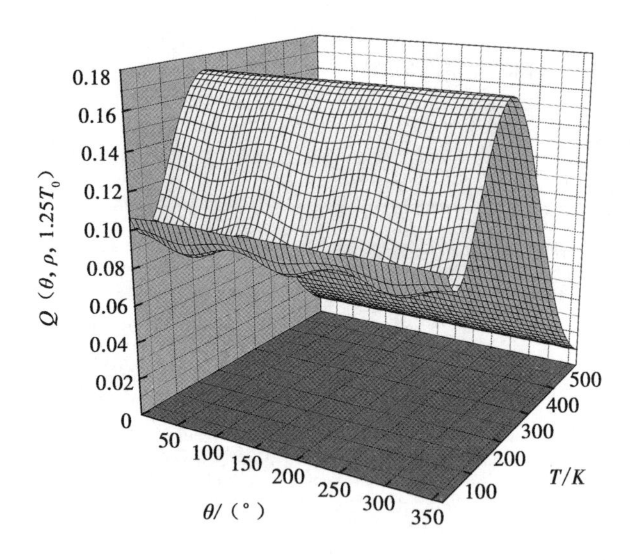

图 3-19　电子的概率密度 $Q(\rho, \theta, t)$ 与极角 θ 和温度 T 的变化关系 $(t=1.25T_0)$

图 3-14~图 3-19 描绘了电子处于叠加态$\frac{1}{\sqrt{2}}(|0\rangle+|1\rangle)$时的电子概率密度 $Q(\rho,\theta,t)$的时间演化。在图 3-14~图 3-19 中电子的坐标矢量 $\rho=0.5$，量子点的受限长度 $l_0=0.1$，电子-声子耦合强度 $\alpha=5$，相位差 $\varphi=2\pi$，时间 t 分别取 0，$\frac{T_0(0)}{4}$，$\frac{T_0(0)}{2}$，$\frac{3T_0(0)}{4}$，$T_0(0)$和$\frac{5T_0(0)}{4}$。由图可以看出，在某一时刻，当极角取确定的值 θ 时，电子的概率密度将以周期 $T_0(\theta)=\frac{\hbar}{\Delta E(\theta)}$ 在空间振荡。在不同时刻，电子的概率密度随极角 θ 呈周期性的变化，变化周期为$\frac{2\pi}{3}$，这种变化是由于三角束缚势的存在而产生的。同时还可以看出，当温度较低(0~20 K)时，在某些时刻电子的概率密度随着温度的升高而减小(波动)，但从整体上看，当温度为 0~200 K 时，电子的概率密度随着温度的升高而增大；而当温度较高(200~500 K)时，电子概率密度随着温度的升高而减小，且随着温度的升高概率密度随极角的变化趋于平缓。这是因为温度的升高导致电子的热运动加快，电子将和更多的声子相互作用，但温度的升高对概率密度的影响要比电子-声子相互作用及三角束缚势的影响大得多。

图 3-20 描绘了当量子点的受限长度 $l_0=0.1$、电子-声子耦合强度 $\alpha=5$ 时，振荡周期 T_0 随温度 T 和极角 θ 的变化关系。从图中可以看出，振荡周期随着极角的变化呈周期性波动，这正是由于受三角束缚势的影响产生的。同时，随着温度的升高极角对振荡周期的影响减弱。这是因为随着温度的升高，电子热运动的能量和以声子为媒介的电子-声子的相互作用由于电子热运动的加剧而增强，二能级系统的能量差增大，从而导致量子比特振荡周期的减小。但温度的升高对能量差的影响要比电子-声子相互作用及三角束缚势对能量差的影响大。

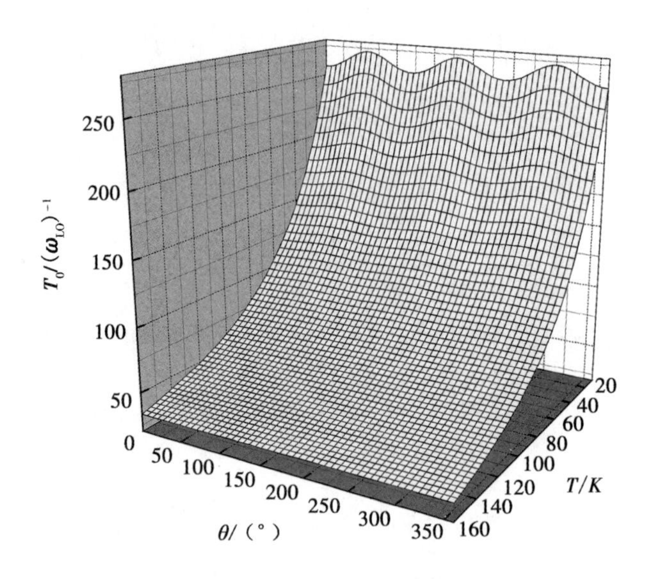

图 3-20　振荡周期 T_0 和极角 θ 及温度 T 的变化关系

图 3-21 描绘了当电子的坐标矢量 $\rho=0.5$、相位差 $\varphi=2\pi$、极角 $\theta=0$ 时，概率密度 $Q(\rho,\ \theta,\ t)$ 随着电子-声子耦合强度 α 和量子点的受限长度 l_0 的变化关系。从图中可以看出：① 当耦合强度大于 12 时，电子概率密度随受限长度的增加而增大。这是因为三角束缚势的存在，限制了电子的运动范围，当受限长度增大时，以声子为媒介的电子-声子相互作用和电子热运动的能量由于电子运动范围的增大而减小，从而使基态和激发态的能量差变小，导致电子处于叠加态的概率密度增大，这正体现了量子尺寸效应。② 当量子点的受限长度小于 0.4 时，电子的概率密度随电子-声子耦合强度的增加而减小，这是因为随着电子光学声子耦合强度的增加，电子-声子的耦合强度在激发态比在基态的弱，使基态和激发态的能量差变大，从而使电子处于叠加态的概率密度减小。③ 当电子-声子耦合强度较小时，受限长度对电子概率密度的影响较明显，当量子点的受限长度较大时，电子-声子耦合强度对电子的概率密度影响较明显。

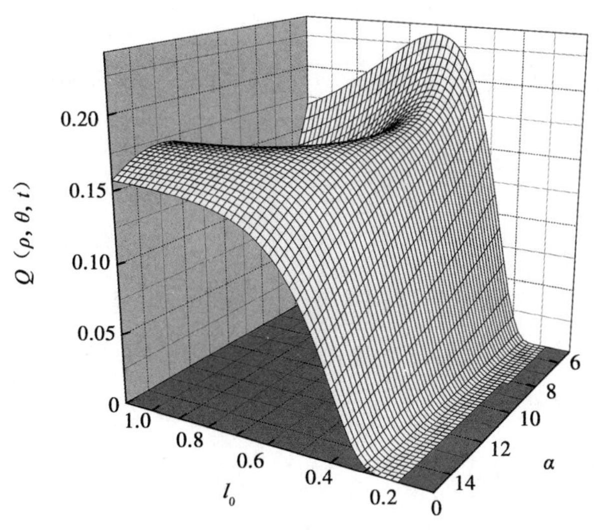

图 3-21　电子概率密度 $Q(\rho, \theta, t)$ 随量子点受限长度 l_0 及电子-声子耦合强度 α 的变化关系

3.3.3　小　结

本节采用 Pekar 类型变分方法，在电子与体纵光学声子强耦合的条件下，得出了三角束缚势量子点中电子的基态和激发态的能量及其相应的本征波函数。量子点中这样的二能级体系可以作为一个量子比特。当电子处于基态和第一激发态的叠加态时，电子的概率密度在空间做周期性振荡，振荡周期随温度的升高而减小。当电子-声子耦合强度较小时，受限长度对电子概率密度的影响起主要作用，当量子点的受限长度较大时，电子-声子耦合强度对电子概率密度的影响较明显。同时，电子的概率密度和振荡周期均随极角的变化呈周期性变化。

3.4 三角束缚势量子点量子比特的杂质效应

本节采用Pekar类型的变分方法，在电子-体纵光学声子强耦合的条件下，计算了三角束缚势中含类氢杂质的量子点中电子基态和第一激发态的本征波函数和本征能量，将这样的量子点系统作为量子比特。分别讨论了库仑结合参数、电子-体纵光学声子耦合强度、量子点受限长度和极角对量子比特振动频率的影响。

3.4.1 理论模型

电子在一个方向(设为 z 方向)比另外两个方向受限强得多，所以只考虑电子在 x-y 平面上的运动。假设单一量子点中电子的束缚势为三角势和库仑束缚势(类氢杂质势)

$$V(\rho)=\frac{1}{2}m^{*}\omega_0^2\rho^2(1+\cos3\theta)-\frac{e^2}{\varepsilon_{\infty}r} \tag{3.35}$$

其中，m^* 为电子带质量，ρ 为二维坐标，ω_0 为量子点的受限强度，θ 为在极坐标系下的极角，杂质原子位于坐标原点

电子-声子体系的哈密顿量为

$$H=-\frac{\hbar^2}{2m^*}\nabla_\rho^2+\frac{1}{2}m^*\omega_0^2\rho^2(1+\cos3\theta)-\frac{e^2}{\varepsilon_{\infty}r}+\sum_q\hbar\omega_{\mathrm{LO}}b_q^+b_q+\sum_q(V_q\mathrm{e}^{\mathrm{i}q\cdot r}+h.c) \tag{3.36}$$

其中，ω_{LO}为体纵光学声子的频率，$b_q^+(b_q)$为波矢为 q 的体纵光学声子的产生(湮灭)算符，$r(\rho,z)$为电子坐标，且

$$V_q=\left(\mathrm{i}\,\frac{\hbar\omega_{\mathrm{LO}}}{q}\right)\left(\frac{\hbar}{2m^*\omega_{\mathrm{LO}}}\right)^{\frac{1}{4}}\left(\frac{4\pi\alpha}{V}\right)^{\frac{1}{2}} \tag{3.37}$$

$$\alpha=\left(\frac{e^2}{2\hbar\omega_{LO}}\right)\left(\frac{2m^*\omega_{LO}}{\hbar}\right)^{\frac{1}{2}}\left(\frac{1}{\varepsilon_\infty}-\frac{1}{\varepsilon_0}\right) \tag{3.38}$$

为了方便计算，取 $2m^*=\hbar=\omega_{LO}=1$，$\beta=\frac{e^2}{\varepsilon_\infty}$，则式(3.36)可以写成

$$H'=-\nabla_\rho^2+\frac{1}{4}\omega_0^2\rho^2\left(1+\frac{2}{7}\cos3\theta\right)-\frac{\beta}{r}+\sum_q b_q^+b_q+\sum_q\left(V_q e^{iq\cdot r}+h.c\right) \tag{3.39}$$

其中，β 是库仑结合参数，式(3.37)和式(3.38)中的 α 是电子-声子耦合强度。

对式(3.39)中第三项作 Fourier 变换

$$-\frac{\beta}{r}=\sum_q\frac{4\pi\beta}{Vq^2}\exp(iq\cdot r) \tag{3.40}$$

对哈密顿量(3.39)进行 LLP 变换

$$U=\exp\left[\sum_q\left(f_q b_q^+-f_q^* b_q\right)\right] \tag{3.41}$$

其中，f_q 为变分函数，则

$$H''=U^{-1}H'U \tag{3.42}$$

在高斯函数近似下，依据 Pekar 类型的变分方法，电子-声子体系的基态、第一激发态尝试波函数分别为

$$|\varphi_{e-p}\rangle=\frac{\lambda}{\sqrt{\pi}}\exp\left(-\frac{\lambda^2\rho^2}{2}\right)|\xi(z)\rangle|0_{ph}\rangle \tag{3.43}$$

$$|\varphi_{e-p}\rangle'=\frac{\lambda^2}{\sqrt{\pi}}\rho\exp\left(-\frac{\lambda^2\rho^2}{2}\right)\exp(\pm i\phi)|\xi(z)\rangle|0_{ph}\rangle \tag{3.44}$$

其中，λ 是变分参量。因为电子在 z 方向强受限，可将其看成只在无限薄的狭层内运动，所以 $\langle\xi(z)|\xi(z)\rangle=\delta(z)$，$|0_{ph}\rangle$ 为无微扰零声子态，满足 b_q

$|0_{ph}\rangle=0$，且$\langle\varphi_{e-p}|\varphi_{e-p}\rangle'=0$，$\langle\varphi_{e-p}|\varphi_{e-p}\rangle=1$，$'\langle\varphi_{e-p}|\varphi_{e-p}\rangle'=1$。则电子-声子系统的基态、第一激发态的能量分别为

$$E_0(\lambda_0,\theta)=\langle\varphi_{e-p}|H''|\varphi_{e-p}\rangle \tag{3.45}$$

$$E_1(\lambda_1,\theta)='\langle\varphi_{e-p}|H''|\varphi_{e-p}\rangle' \tag{3.46}$$

用变分法得出λ_0，λ_1的值，即可得出本征能级、相应的本征波函数和能量差为

$$\begin{aligned}\Delta E(\theta)&=E_1(\theta)-E_0(\theta)\\&=\lambda_0^{\ 2}-2\lambda_1^{\ 2}+\frac{1+\dfrac{2}{7}\cos3\theta}{\lambda_0^{\ 2}l_0^{\ 4}}-\frac{2+\dfrac{4}{7}\cos3\theta}{\lambda_1^{\ 2}l_1^{\ 4}}+\sqrt{2\pi\omega_{\mathrm{LO}}}\,\alpha\left(\frac{11}{32}\lambda_1-\frac{1}{2}\lambda_0\right)+\\&\quad\beta\sqrt{\pi}\lambda_0-\frac{1}{2}\beta\sqrt{\pi}\lambda_1\end{aligned} \tag{3.47}$$

这样，得到了一个量子比特所需要的二能级体系，当电子处于这样一个叠加态时

$$|\psi_{01}\rangle=\frac{1}{\sqrt{2}}(|0\rangle+|1\rangle) \tag{3.48}$$

其中

$$|0\rangle=\varphi_0(\rho)=\frac{\lambda_0}{\sqrt{\pi}}\exp\left(-\frac{\lambda_0^2\rho^2}{2}\right) \tag{3.49}$$

$$|1\rangle=\varphi_1(\rho)=\frac{\lambda_1^2}{\sqrt{\pi}}\rho\exp\left(-\frac{\lambda_1^2\rho^2}{2}\right)\exp(\pm\mathrm{i}\phi) \tag{3.50}$$

则叠加态随时间的演化可以表示为

$$\psi_{01}=\frac{1}{\sqrt{2}}\left[|0\rangle\exp\left(-\frac{\mathrm{i}E_0t}{\hbar}\right)+|1\rangle\exp\left(-\frac{\mathrm{i}E_1t}{\hbar}\right)\right] \tag{3.51}$$

电子在空间的概率密度

$$Q(\rho,\theta,t)=|\psi_{01}(t,\rho)|^2$$
$$=\frac{1}{2}[\,||0\rangle|^2+||1\rangle|^2+$$
$$||0\rangle|1\rangle|\exp(i\omega_{01}t)+||1\rangle|0\rangle|\exp(-i\omega_{01}t)\,] \tag{3.52}$$

其中

$$\omega_{01}(\theta)=\frac{E_1(\theta)-E_0(\theta)}{\hbar} \tag{3.53}$$

振荡周期

$$T_0=\frac{2\pi}{\omega_{01}(\theta)}=\frac{\hbar}{E_1(\theta)-E_0(\theta)} \tag{3.54}$$

3.4.2 数值结果与讨论

为了更清楚地说明三角束缚势量子点量子比特二能级系统中电子的振荡周期与库仑结合参数、电子-声子耦合强度、量子点受限长度和极角的关系，进行了数值计算，数值结果如图 3-22～图 3-24 所示。

图 3-22 描绘了在受限长度 $l_0=0.2$、极角为 π 时，振荡周期 T_0 随耦合强度 α 和库仑结合参数 β 的变化关系。从图中可见，振荡周期 T_0 随着耦合强度增加而减小，这是由于第一激发态与基态之间能级差增加，而造成振荡周期 T_0 的减小。同时从图中可以看出振荡周期 T_0 随库仑束缚势的增加而减小，这是因为库仑束缚势的增加使电子的基态和第一激发态能量都降低，束缚势对基态能量的影响更大，从而使得能级差变大，振荡周期变小。同时，还可以看出电子-声子耦合强度越小，库仑势对振荡周期的影响越大。

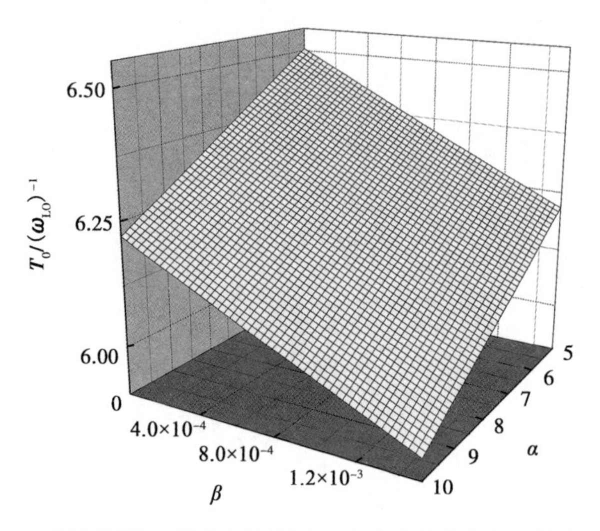

图 3-22　振荡周期 T_0 随和耦合强度 α 和库仑结合参数 β 的变化关系

图 3-23 描绘了在耦合强度 $\alpha=6$、极角为 π 时，振荡周期 T_0 随受限长度 l_0和库仑结合参数 β 的变化关系。振荡周期 T_0 随着受限长度的增加而增加，随库仑束缚势的增加而减小，原因与图 3-22 中的相同。同时，还可以看出，随着受限长度的增加，库仑束缚势对振荡周期的影响越来越明显。

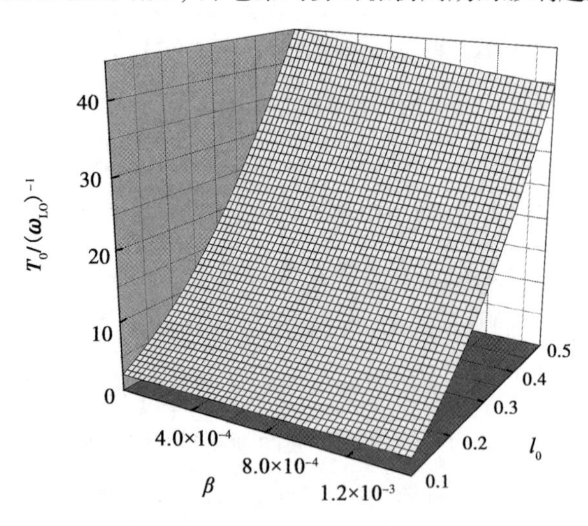

图 3-23　振荡周期 T_0 随受限长度 l_0 和库仑结合参数 β 的变化关系

图 3-24 描绘了当 $\alpha=6$，$l_0=0.3$ 时，量子比特振荡周期随极角和库仑结合参数的变化关系，从图中可以看出，随着库仑结合参数的增大，量子比特的振荡周期变小。同时，也可以看出由于受三角势的影响，振荡周期随极角的变化而呈周期性的波动。

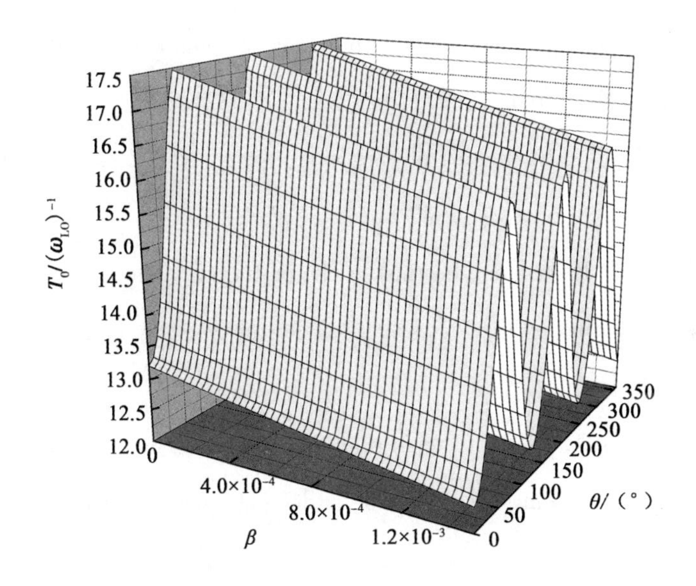

图 3-24　振荡周期 T_0 随极角 θ 和库仑结合参数 β 的变化关系

3.4.3　小　结

在含有类氢杂质的三角束缚势量子点中，由于杂质的存在，量子比特的振荡周期变小，且随着库仑结合参数的增大，振荡周期逐渐减小，即电子处于叠加态的概率密度减小，在叠加态存活的时间变短，这对量子信息的存储是极为不利的。同时，在电子–声子耦合强度较小和量子点的受限长度较大时，库仑结合参数对振荡周期的影响比较明显。所以，在设计量子点方案时既要考虑电子–声子耦合强度和量子点的受限强度，又要考虑构成量子点材料的纯度。

参考文献

[1] LANDAUER R.Irreversibility and heat generation in the computing process [J].IBM journal research and develop, 1961, 5(3): 183-191.

[2] BENNETT C H.Logical reversibility of computation[J].IBM journal of research development,1973, 17(6): 525-532.

[3] FEYNMAN R.Simulating physics with computers[J].International journal of theoretical physics, 1982, 21: 467-488.

[4] DEUTSCH D.Quantum theory, the church-turing principle and the universal quantum computer[J].Proceedings of the royal society of London A, 1985, 400: 97-117.

[5] DEUTSCH D, JOZSA R.Rapid solution of problems by quantum computation [J].In proceedings of the royal society of London, 1992, 439(1907): 553-558.

[6] SHOR P W.Algorithms for quantum computation: discrete log and factoring [C]//In proceedings of the 35th annual symposium of foundation of computer science[M].Washington:IEEE Computer Society Press, 1994 : 124-134.

[7] MONROE C, MEEKHOF D M, KING B E, et al.Demonstration of a fundamental quantum logic gate[J].Physical review letters, 1995, 75: 4714-4717.

[8] LOYD S.Envisioning a quantum supercomputer[J].Science, 1994, 263 (5147), 695-699.

[9] CHUANG I L, VANDERSYPEN L M K, ZHOU X, et al.Quantum mechanical nature in liquid NMR quantum computing[J].Nature, 1998,

393：143-152.

[10] HAKAMURRA Y, PASHKIN Y A, TSAI J S. Coherent control of macroscopic quantum states in a single-cooper-pair box[J]. Nature, 1999(398)：786-792.

[11] CIRAC J I, ZOLLER P A.Scalable quantum computer with ions in arrays of microtraps[J].Nature, 2000, 404：579-581.

[12] VANDERSYPEN L M K, STEFFEN M, BREYTA G, et al.Experimental realization of Shor's quantum factoring algorithm using nuclear magnetic resonance[J].Nature, 2001, 414：883-887.

[13] 张军, 彭承志, 包小辉, 等.量子密码实验新进展：13 km 自由空间纠缠光子分发：朝向基于人造卫星的全球化量子通信[J].物理, 2005(34)：701-707.

[14] GROVER L K.A fast quantum mechanical algorithm for database search[C].Proceedings of the twenty-eighth annual ACM symposium on Theory of computing,1996：212-219.

[15] 董宁, 王轶文, 于扬, 等.超导量子比特的物理实现[J].自然科学进展, 2008, 7：721-726.

[16] ROUSE R, HAN S, LUKENS J E. Observation of resonant tunneling between macroscopically distinct quantum levels[J]. Physical review letters, 1995, 75(8)：1614-1617.

[17] MARTINIS J M, DEVORET M H, CLARKE J.Experimental tests for the quantum behavior of a macroscopic degree of freedom：the phase difference across a Josephson junction[J].Physical review B, 1987, 35(10)：4682-4698.

[18] KANE B E.A silicon-based nuclear spin quantum computer[J].Nature, 1998, 393(6681)：133-137.

[19] GYWAT O, BURKARD G, LOSS D. Quantum computation and the production of entangled photons using coupled quantum dots [J]. Superlattices and microstructures, 2002, 31(2/3/4): 127-140.

[20] WU Y, LI X, STEEL D, et al.Coherent optical control of semiconductor quantum dots for quantum information processing[J]. Physica E: low-dimensional systems and nanostructures, 2004, 25(2/3): 242-248.

[21] LIU Y M, HUANG G M, BAO C G. Parameter-tunable doublet: quadruplet transition in a three-electron quantum dot[J]. Physica B: condensed matter, 2005, 370(1/2/3/4): 243-248.

[22] KORKUSINSKI M, HAWRYLAK P, BAYER M, et al.Entangled states of electron: hole complex in a single InAs/GaAs coupled quantum dot molecule[J]. Physica E: low-dimensional systems and nanostructures, 2002, 13(2/3/4): 610-615.

[23] LI X, WU Y, STEEL D, et al. An all-optical quantum gate in a semiconductor quantum dot[J].Science, 2003, 301(5634): 809-811.

[24] WANG X, HU C Z, ZHOU X.Population permutation group and phase operation in an anisotropic semiconductor quantum dot[J]. Physica E: low-dimensional systems and nanostructures, 2006, 35(1): 183-187.

[25] PIORO-LADRIERE M, TOKURA Y, OBATA T, et al.Micromagnets for coherent control of spin-charge qubit in lateral quantum dots[J].Applied physics letters, 2007, 90(2): 024105-1-024105-3.

[26] DAY C.Semiconductor quantum dots take first steps toward spin-based quantum computation[J].Physics today, 2006, 59(3): 16-18.

[27] PÖTZ W.Control of the non-Markovian dynamics of a qubit[J].Applied physics letters, 2006, 89(25): 254102-1-254102-3.

[28] KURODA K, KURODA T, WATANABE K, et al.Final-state readout of

exciton qubits by observing resonantly excited photoluminescence in quantum dots[J]. Applied physics letters, 2007, 90(5): 051909-1-051909-3.

[29] LIANG X T.Non-Markovian dynamics and phonon decoherence of a double quantum dot charge qubit[J].Physical review B, 2005, 72(24): 245328-1-245328-5.

[30] MELNIKOV D V, KIM J, ZHANG L X, et al.Three-dimensional self-consistent modelling of spin-qubit quantum dot devices[J]. IEEE proceedings-circuits, devices and systems, 2005, 152(4): 377-384.

[31] D'AMICO I.Quantum dot-based quantum buses for quantum computer hardware architecture[J]. Microelectronics journal, 2006, 37(12): 1440-1441.

[32] HAWRYLAK P, KORKUSINSKI M.Voltage-controlled coded qubit based on electron spin[J].Solid state communications, 2005, 136(9/10): 508-512.

[33] LIU J L, CHEN J H, VOSKOBOYNIKOV O.A model for semiconductor quantum dot molecule based on the current spin density functional theory [J].Computer physics communications, 2006, 175(9): 575-582.

[34] MUTO S, ADACHI S, YOKOI T, et al.Photon-spin qubit-conversion based on overhauser shift of zeeman energies in quantum dots[J].Applied physics letters, 2005, 87(11): 112506-1-112506-3.

[35] STAVROU V N, HU X.Charge decoherence in laterally coupled quantum dots due to electron-phonon interactions[J].Physical review B, 2005, 72(7): 075362-1-075362-8.

[36] JOHNSON R C.Researchers simulate quantum-dot computer[J].Electronic engineering times, 2002(1231): 47.

[37] WU Z J, ZHU K D, YUAN X Z, et al. Charge qubit dynamics in a double quantum dot coupled to phonons[J]. Physical review B, 2005, 71(20): 205323-1-205323-7.

[38] FUJISAWA T, HAYASHI T, CHEONG H D, et al. Rotation and phase-shift operations for a charge qubit in a double quantum dot[J]. Physica E: low-dimensional systems and nanostructures, 2004, 21(2/3/4): 1046-1052.

[39] FURUTA S, BARNES C H W, DORAN C J L. Single-qubit gates and measurements in the surface acoustic wave quantum computer[J]. Physical review B, 2004, 70(20): 205320-1-205320-12.

[40] ROSZAK K, GRODECKA A, MACHNIKOWSKI P, et al. Phonon-induced decoherence for a quantum-dot spin qubit operated by raman passage[J]. Physical review B, 2005, 71(19): 195333-1-195333-17.

[41] WANG Q Q, MULLER A, BIANUCCI P, et al. Quality factors of qubit rotations in single semiconductor quantum dots[J]. Applied physics letters, 2005, 87(3): 031904-1-031904-3.

[42] LEE S, VON ALLMEN P, OYAFUSO F, et al. Effect of electron-nuclear spin interactions for electron-spin qubits localized in InGaAs self-assembled quantum dots[J]. Journal of applied physics, 2005, 97(4): 043706-1-043706-8.

[43] DUTT M V G, WU Y, LI X, et al. Semiconductor quantum dots for quantum information processing: an optical approach[C]. AIP conference proceedings, 2005, 772(1): 32-37.

[44] IMAMOGLU A. Are quantum dots useful for quantum computation?[J]. Physica E: low-dimensional systems and nanostructures, 2003, 16(1): 47-50.

[45] KYRIAKIDIS J, PENNEY S J.Coherent rotations of a single spin-based qubit in a single quantum dot at fixed Zeeman energy[J].Physical review B, 2005, 71(12): 125332-1-125332-5.

[46] 金光生, 艾合买提·阿不力孜, 李树深,等.固态量子计算[J].物理, 2002, 31(12): 773-776.

[47] 徐春凯, 徐克尊. 基于单原子的量子计算机[J].物理, 1999, 28(6): 334-336.

[48] YOU J Q, ZHENG H Z.Electron transport through a double-quantum-dot structure with intradot and interdot coulomb interactions[J]. Physical review B, 1999, 60(19): 13314-13317.

[49] LI X Q, YAN Y J. Quantum computation with coupled quantum dots embedded in optical microcavities[J]. Physical review B, 2002, 65(20): 205301-1-205301-5.

[50] HAYASHI T, FUJISAWA T, CHEONG H D, et al.Coherent manipulation of electronic states in a double quantum dot[J].Physical review letters, 2003, 91(22): 226804-1-226804-4.

[51] BIANUCCI P, MULLER A, SHIH C K, et al.Experimental realization of the one qubit Deutsch-Jozsa algorithm in a quantum dot[J]. Physical review B, 2004, 69(16): 161303-1-161303-4.

[52] EZAKI T, MORI N, HAMAGUCHI C.Electronic structures in circular, elliptic, and triangular quantum dots[J].Physical review B, 1997, 56(11): 6428-6431.

[53] 陈平形, 李承祖, 黄明球, 等.在任意温度的热库中量子位的消相干[J].光子学报, 2000, 29(1): 5-9.

[54] WANG Z W, LI W P, YIN J W, et al. Properties of parabolic linear bound potential and coulomb bound potential quantum dot qubit[J].

Communications in theoretical physics, 2008, 49(2): 311-314.

[55] WANG Z W, XIAO J L, LI W P.The decoherence of the parabolic linear bound potential quantum dot qubit[J]. Physica B: condensed matter, 2008, 403(4): 522-525.

[56] 刘云飞，肖景林.LA 声子对激子 qubit 纯退相干的影响[J].物理学报，2008，57(6): 3324-3327.

[57] 陈英杰，肖景林.抛物线性限制势二能级系统量子点量子比特的温度效应[J].物理学报，2008，57(11): 6758-6763.

[58] 李承祖，黄明球，陈平形，等.量子通信和量子计算[M].长沙：国防科技大学出版社，2001.

4 高斯限制势量子阱量子比特

4.1 无外加场高斯势量子阱量子比特声子效应

4.1.1 引言

随着分子束外延、化学气相沉积和化学光刻等技术的进步，低维量子阱结构备受关注。利用这些技术，人们可以实现具有可控厚度的量子阱结构的生长。量子阱是一维横向受限电子的纳米半导体结构。在过去的二十多年里，这种半导体结构（量子阱）促进了半导体物理学领域的发展。从1999年到现在，在耦合量子阱中，Negoita和Sneke对二维激子的玻色凝聚进行实验，发展了间接激子的谐波势阱。Nomura等人证明了具有横向周期势的n型调制掺杂量子阱的光致发光光谱中的费米边奇异性。Alsina实现了GaAs量子阱中利用正交曲面声波（SAW）光束的干涉，从而确定了电子受限势的形式。

近年来，半导体纳米结构中的量子信息处理和量子计算等新问题得到了广泛的研究。在实验中，Clausen 等报道了晶体中光子纠缠的量子存储，并且通过光学钳聚焦测量晶格间距的大小；Weitenberg 等人提出了光学晶格中超低温原子可实现量子计算的完整过程；Alicea 等人证实了一维有线网络中非 Abelian 统计和拓扑量子计算。从理论上讲，Ferron 等人完成了基于多层量子点的标准量子比特的量子控制；Jordan 等人开发了量子场理论的量子算法；Zhang 等人研究了硅量子阱中自旋量子比特增强谷分裂的演变趋势。无论在实验还是理论研究方面，具有不同限制势的量子阱都受到研究者们的广泛关注。例如，利用抛物势、双曲势、指数势、Wood-Saxon 势、Morse 势、伪谐波势和高斯势等对电子性质进行了研究。其中，诸多学者研究了高斯势阱的电子性质。然而，很少有人研究高斯势量子阱中电子与 LO 声子强耦合的极化子量子比特。

著者基于高斯势量子阱研究了电子与 LO-声子强耦合的基态和第一激发态的本征能量和本征函数。二能级系统可视为一个量子比特，这个量子比特在高斯势量子阱中的量子信息和量子计算中起着重要的作用。

4.1.2　理论模型

考虑极性晶体非对称高斯限制势量子阱中的电子与体纵光学声子相互作用，在有效质量近似下，电子-声子相互作用系统的哈密顿量表示为

$$H=\frac{p^2}{2m}+V(z)+\sum_q \hbar\omega_{\mathrm{LO}}a_q^+a_q+\sum_q\left[V_q a_q \exp(\mathrm{i}q\cdot r)+h.c\right] \tag{4.1}$$

其中

$$V(z)=\begin{cases}-V_0\exp\left(-\dfrac{z^2}{2R^2}\right) & z\geqslant 0\\ \infty & z<0\end{cases} \tag{4.2}$$

m 为电子的带质量，$a_q^+(a_q)$ 代表波矢为 $q=(q_\rho,\ q_Z)$ 的 LO 声子的产生（湮

没)算符，p 和 $r=(x, y, z)=(\rho, z)$ 为电子的动量和坐标。$V(z)$ 是 z 方向的势，z 为量子阱的生长方向。V_0 和 R 是非对称高斯限制势量子阱的高度和高斯限制势的范围。式(4.1)中的 V_q 和 α 为

$$V_q=\mathrm{i}\left(\frac{\hbar\omega_{\mathrm{LO}}}{q}\right)\left(\frac{\hbar}{2m\omega_{\mathrm{LO}}}\right)^{\frac{1}{4}}\left(\frac{4\pi\alpha}{V}\right)^{\frac{1}{2}}$$
$$\alpha=\left(\frac{e^2}{2\hbar\omega_{\mathrm{LO}}}\right)\left(\frac{2m\omega_{\mathrm{LO}}}{\hbar}\right)^{\frac{1}{2}}\left(\frac{1}{\varepsilon_\infty}-\frac{1}{\varepsilon_0}\right) \tag{4.3}$$

按照 Pekar 变分法，强耦合极化子的尝试波函数可以分成两部分，分别描述电子和声子，尝试波函数可以写成

$$|\psi\rangle=|\varphi\rangle U|0_{ph}\rangle \tag{4.4}$$

其中，$|\varphi\rangle$ 只依赖于电子坐标；$|0_{ph}\rangle$ 表示声子的真空态，即 $a_k|0_{ph}\rangle=0$；$U|0_{ph}\rangle$ 是声子的相干态

$$U=\exp\left[\sum_q\left(a_q^+f_q-a_qf_q^*\right)\right] \tag{4.5}$$

其中，$f_q(f_q^*)$ 变分函数，可以选择电子的尝试基态波函数

$$|\varphi_0\rangle=|0\rangle|0_{ph}\rangle=\pi^{-\frac{3}{4}}\lambda_0^{\frac{3}{2}}\exp\left(-\frac{\lambda_0^2r^2}{2}\right)|0_{ph}\rangle \tag{4.6}$$

同样地，可以选择电子在第一激发态的尝试波函数

$$|\varphi_1\rangle=|1\rangle|0_{ph}\rangle=\left(\frac{\pi^3}{4}\right)^{-\frac{1}{4}}\lambda_1^{\frac{5}{2}}r\cos\theta\exp\left(-\frac{\lambda_1^2r^2}{2}\right)\exp(\pm\mathrm{i}\phi)|0_{ph}\rangle \tag{4.7}$$

其中，λ_0 和 λ_1 是变分参量，式(4.6)和式(4.7)满足如下的归一化关系

$$\langle\varphi_0|\varphi_0\rangle=1,\ \langle\varphi_0|\varphi_1\rangle=0,\ \langle\varphi_1|\varphi_1\rangle=1 \tag{4.8}$$

通过最小化哈密顿量的期望值，得到极化子基态能量 E_0 和第一激发态能量 E_1。高斯势量子阱中的电子基态和第一激发态能量可以写成

$$E_0(\lambda_0)=\frac{3\hbar^2}{4m}\lambda_0^2-V_0\left(1+\frac{1}{2\lambda_0^2R^2}\right)^{-\frac{1}{2}}-\frac{\sqrt{2}}{\sqrt{\pi}}\alpha\hbar\omega_{\rm LO}\lambda_0 r_0 \tag{4.9}$$

$$E_1(\lambda_1)=\frac{5\hbar^2}{4m}\lambda_1^2-V_0\left(1+\frac{1}{2\lambda_1^2R^2}\right)^{-\frac{3}{2}}-\frac{3\sqrt{2}}{4\sqrt{\pi}}\alpha\hbar\omega_{\rm LO}\lambda_1 r_0 \tag{4.10}$$

其中，$r_0=\left(\frac{\hbar}{2m\omega_{\rm LO}}\right)^{\frac{1}{2}}$是极化子的半径，可以利用变分法求出本征值和本征波函数。因此，一个作为单量子比特的二能级系统就被建立起来了。叠加态可以表示为

$$|\psi_{01}\rangle=\frac{1}{\sqrt{2}}(|0\rangle+|1\rangle) \tag{4.11}$$

电子的量子态的时间演化可以写成

$$\psi_{01}(r,t)=\frac{1}{\sqrt{2}}\psi_0(r)\exp\left(-\frac{{\rm i}E_0t}{\hbar}\right)+\frac{1}{\sqrt{2}}\psi_1(r)\exp\left(-\frac{{\rm i}E_1t}{\hbar}\right) \tag{4.12}$$

高斯势量子阱中电子的概率密度如下

$$\begin{aligned}Q(r,t)&=|\psi_{01}(r,t)|^2\\&=\frac{1}{2}[|\psi_0(r)|^2+|\psi_1(r)|^2+\psi_0^*(r)\psi_1(r)\exp({\rm i}\omega_{01}t)+\\&\quad\psi_0(r)\psi_1^*(r)\exp(-{\rm i}\omega_{01}t)]\end{aligned} \tag{4.13}$$

其中，$\omega_{01}=\frac{E_1-E_0}{\hbar}$是第一激发态与基态之间的跃迁频率。电子概率密度的振荡周期是

$$T_0=\frac{h}{E_1-E_0} \tag{4.14}$$

4.1.3 数值结果与讨论

本书对 RbCl 晶体进行了数值计算，计算中使用的实验参数是 $\hbar\omega_{\rm LO}=$

21.45 meV，$m=0.432\ m_0$，$\alpha=3.81$。对 RbCl 量子阱中二能级量子系统的概率密度 $Q(r, t)$ 与时间 t，坐标 ρ 与 z 的关系及振荡周期 T_0 与高斯势阱 V_0 高度的关系、限制势 R 范围和极化子半径 r_0 的关系进行了数值计算。如图 4-1～图 4-4 所示。

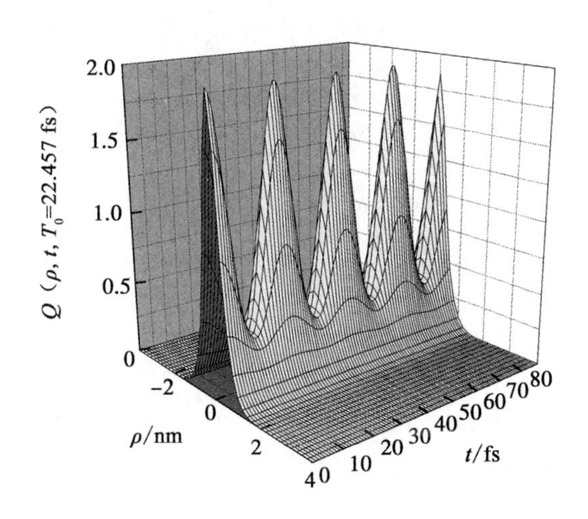

图 4-1　概率密度 $Q(\rho, t, T_0=22.475\ \text{fs})$ 随时间 t 和坐标 ρ 的变换关系

图 4-1 显示了当电子处于叠加态$\frac{1}{\sqrt{2}}(|0\rangle+|1\rangle)$时，概率密度 $Q(r, t)$ 随时间 t 和坐标 ρ 的变化关系，RbCl 晶体高斯势量子阱的高度 $V_0=1.0$ meV，限制势范围 $R=1.0$ nm，极化子半径 $r_0=2.0$ nm，坐标 $z=0.45$ nm，相位差 $\cos\theta=1$。从图中可以看到，在 RbCl 量子阱中电子振荡的振荡周期 $T_0=22.475$ fs。从图 4-1 中，还可以看到概率密度关于坐标呈周期性变化。此外，由于在量子阱平面中存在二维对称结构，概率密度仅呈现单峰结构。这一结果与文献中的抛物型量子点情形类似。

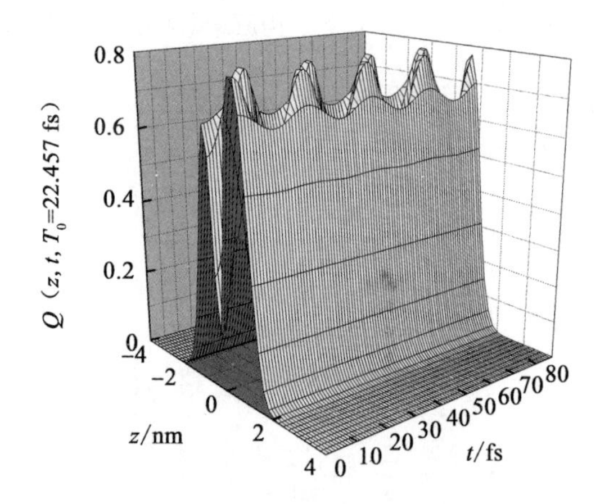

图 4-2　概率密度 $Q(z,\ t,\ T_0=22.475\ \text{fs})$ 随时间 t 和坐标 z 的变化关系

图 4-2 表明了 RbCl 晶体中电子处于叠加态$\frac{1}{\sqrt{2}}(|0\rangle+|1\rangle)$时的概率密度 $Q(r,\ t)$随时间 t 和坐标 z 的变化情况，RbCl 晶体高斯势量子阱的高度 $V_0=1.0$ meV、限制势的范围 $R=1.0$ nm、极化子半径 $r_0=2.0$ nm、坐标 $\rho=0.45$ nm和相位差 $\cos\theta=1$。可以发现，电子的概率密度在 RbCl 量子阱中振荡的振荡周期是 $T_0=22.475$ fs。

还可以看出，概率密度随坐标 z 做周期性变化。同时，如果限制量子阱在增长方向上为非对称高斯势，则出现双峰。其结果与非对称量子点和量子线的结果一致。

图 4-3 描绘了作为高斯势量子阱高度函数的振荡周期 T_0 与 RbCl 晶体的极化子半径之间的关系，在确定 RbCl 晶体限制势范围的情况下。从图 4-3可以看出，振荡周期 T_0 随高斯势量子阱高度 V_0 和极化子半径 r_0 的增加而减小。因为随着高斯势量子阱的高度和极化子半径的增加，它们对第一激发态的影响比基态时弱了。因此，第一激发态与基态之间的能隙随着高斯势阱高度和极化子半径的增加而增大，振荡周期减小。

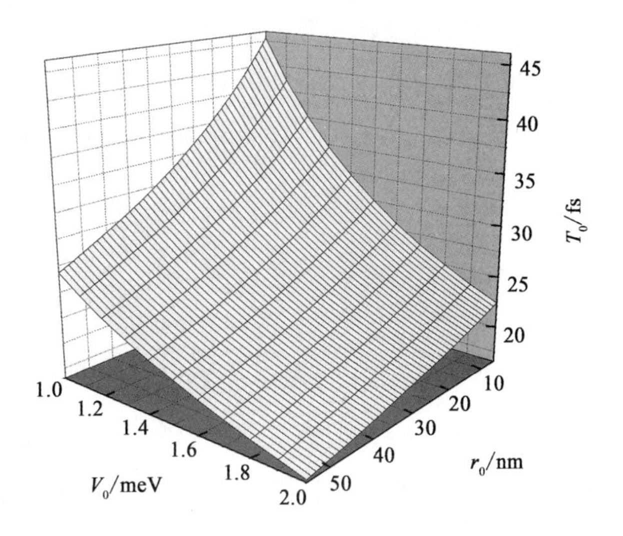

图 4-3　振荡周期 T_0 随高斯受限势量子阱的高度 V_0 和极化子半径 r_0 的变化关系

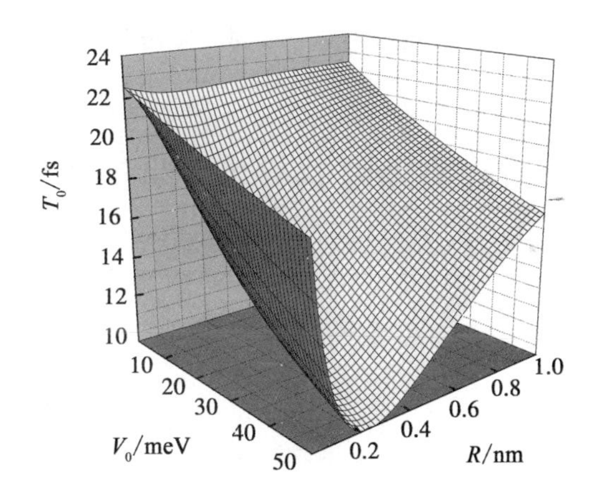

图 4-4　振荡周期 T_0 随高斯受限势量子阱的高度 V_0 和受限势的范围 R 的变化关系

图 4-4 表明振荡周期 V_0 是高斯势量子阱高度 V_0 和限制势范围 R 的函数。在 RbCl 晶体极化子半径 $r_0=2.0$ nm 确定的情况下，图中曲线表明，在限制势范围 $R<0.2$ nm时，振荡周期 T_0 是限制势范围的递减函数；当 $R>0.2$ nm时，振荡周期 T_0 是限制势范围的递增函数；当 $R=0.2$ nm 时，取最小值。这一特性是由于量子阱生长方向上的高斯势所致。

从这里可以发现，通过改变高斯势量子阱的高度、限制势的范围和极化子半径，可以调节电子概率密度的振荡周期。这一性质开辟了通过改变上述物理量来调节振荡周期的新途径，从而改变了量子比特的寿命，提出了抑制退相干的新途径。

4.1.4 小　结

基于Pekar变分方法，研究了电子概率密度和振荡周期与时间、坐标的关系，以及振荡周期与高斯势量子阱高度、限制势范围和极化子半径的关系。计算结果表明，在一定周期内，电子的概率密度在高斯势量子阱中振荡，且振荡周期是高斯势量子阱高度和极化子半径的递减函数。当 $R<0.2$ nm时，振荡周期是限制势范围的递减函数；当 $R>0.2$ nm 时，振荡周期是限制势范围的递增函数；当 $R=0.2$ nm 时，振荡周期取最小值。

4.2 电场对非对称高斯限制势量子阱量子比特的影响

4.2.1 引言

在量子信息处理和量子计算领域，电场对研究低维纳米材料(如量子点、量子棒、量子阱和量子线)的量子比特性质非常重要。特别是研究人员认为，在低维半导体材料中极化子二能级系统可以用于构造量子比特。这些结构中量子比特的性质在实验和理论方面已进行了广泛的研究。早在1999年，Mooij 等利用脉冲微波调制封闭的磁通量获得量子叠加态。与此同时，Orlando 等提出设计超导量子比特，由于两个态的存在出现循环电流相反的迹象。在21世纪，Korotkov 等完成了量子比特状态的连续量子测量。Ruskov 等理论上研究量子反馈回路设计的基本操作，对在一个固态量子比特保持量子相干振荡所需的相位要求。Bianucci 等人通过量子干涉实验在一个自组装半导体量子点和一组量子操作的结合基础上，实现单量子比特量子演化算法。在 2013 年，Huang 和 Hu 在一个移动的量子点发现自旋量子比特的弛豫。最近，肖景林研究了电场对非对称量子点量子比特的影响。于毅夫等研究了电场对三角束缚势量子点量子比特的振荡周期的影响。同时，尹辑文等研究了电场对抛物线性的量子点量子比特的影响。

很多实验工作是在量子阱增长方向存在高斯受限势的条件下进行研究的。越来越多的研究人员认为，在量子阱增长方向高斯势最符合量子阱的真实情况。最近，Guo 等使用有效质量近似和密度矩阵方法，研究非对称高斯限制势量子阱在电场作用下线性和非线性光学吸收系数与折射率的变化情况。采用有效质量近似结合密度矩阵方法和迭代的方法，Zhai 研究了非对称高斯限制势量子阱中电场诱生二次谐波。Wu 和 Guo 从理论上利用有效质量近似和微扰理论，研究了电场作用下非对称高斯限制势量子阱在非线性光学整流效应下的极化子效应。然而，电场对非对称高斯限制势量子阱量子比特影响方面的研究很少，还有待于研究。本章采用 Pekar 类型的变分方法探索电场对非对称高斯限制势量子阱量子比特与高斯限制势量子阱的高度、高斯限制势的范围和极化子半径关系的影响。

4.2.2 理论模型

考虑 RbCl 非对称高斯限制势量子阱晶体的电子在沿着 ρ_x 方向的电场作用下并与 LO 声子相互作用，在有效质量近似下，电子–声子相互作用系统的哈密顿量表示为

$$H = \frac{p^2}{2m} + V(z) + \sum_q \hbar\omega_{\mathrm{LO}} a_q^+ a_q + \sum_q [V_q a_q \exp(\mathrm{i}q \cdot r) + h.c] - e^* F\rho_x \tag{4.15}$$

$$V(z)=\begin{cases}-V_0\exp\left(-\dfrac{z^2}{2R^2}\right) & z\geqslant 0\\ \infty & z<0\end{cases} \tag{4.16}$$

m 为电子的带质量，$a_q^+(a_q)$ 代表波矢为 $q=(q_\rho,\ q_Z)$ 的 LO 声子的产生(湮没)算符，p 和 $r=(x,\ y,\ z)=(\rho,\ z)$ 为电子的动量和坐标。$V(z)$ 是 z 方向的势，z 为量子阱的生长方向。V_0和 R 是非对称高斯限制势量子阱的高度和高斯限制势的范围。式(4.15)中的 V_q 和 α 分别为

$$\begin{aligned}V_q&=\mathrm{i}\left(\frac{\hbar\omega_{\mathrm{LO}}}{q}\right)\left(\frac{\hbar}{2m\omega_{\mathrm{LO}}}\right)^{\frac{1}{4}}\left(\frac{4\pi\alpha}{V}\right)^{\frac{1}{2}}\\ \alpha&=\left(\frac{e^2}{2\ \hbar\omega_{\mathrm{LO}}}\right)\left(\frac{2m\omega_{\mathrm{LO}}}{\hbar}\right)^{\frac{1}{2}}\left(\frac{1}{\varepsilon_\infty}-\frac{1}{\varepsilon_0}\right)\end{aligned} \tag{4.17}$$

采用 Pekar 类型的变分方法，选择电子的基态和第一激发态的尝试波函数为

$$|\varphi_0(\lambda_0)\rangle=|0\rangle|0_{ph}\rangle \tag{4.18}$$

$$|\varphi_1(\lambda_1)\rangle=|1\rangle|0_{ph}\rangle \tag{4.19}$$

这里的 λ_0 和 λ_1 是变分参数。通过哈密顿的最小期待值，可以得到极化子的基态能量 $E_0=\langle\varphi_0|H'|\varphi_0\rangle$ 和第一激发态的能量 $E_1=\langle\varphi_1|H'|\varphi_1\rangle$。在非对称高斯限制势量子阱中电子的基态和第一激发态能量可以写成

$$E_0(\lambda_0)=\frac{3\hbar^2}{4m}\lambda_0^2-V_0\left(1+\frac{1}{2\lambda_0^2R^2}\right)^{-\frac{1}{2}}-\frac{\sqrt{\pi}e^*}{2\lambda_0}F-\frac{\sqrt{2}}{\sqrt{\pi}}\alpha\hbar\omega_{\mathrm{LO}}\lambda_0r_0 \tag{4.20}$$

$$E_1(\lambda_1)=\frac{5\hbar^2}{4m}\lambda_1^2-V_0\left(1+\frac{1}{2\lambda_1^2R^2}\right)^{-\frac{3}{2}}-\frac{\sqrt{\pi}e^*}{2\lambda_1}F-\frac{3\sqrt{2}}{4\sqrt{\pi}}\alpha\hbar\omega_{\mathrm{LO}}\lambda_1r_0 \tag{4.21}$$

这里 $r_0=\left(\dfrac{\hbar}{2m\omega_{\mathrm{LO}}}\right)^{\frac{1}{2}}$ 是极化子的半径。使用变分方法得到了 λ_0和 λ_1，这样计

算本征值和本征波函数，所以一个二能级系统可以看作一个量子比特。叠加态可以表示为

$$|\psi_{01}\rangle=\frac{1}{\sqrt{2}}(|0\rangle+|1\rangle)=\frac{1}{\sqrt{2}}[\psi_0(r)+\psi_1(r)] \tag{4.22}$$

电子随时间演化的量子态可以表示为

$$\psi_{01}(r,t)=\frac{1}{\sqrt{2}}\psi_0(r)\exp\left(-\frac{\mathrm{i}E_0t}{\hbar}\right)+\frac{1}{\sqrt{2}}\psi_1(r)\exp\left(-\frac{\mathrm{i}E_1t}{\hbar}\right) \tag{4.23}$$

非对称高斯限制势量子阱中电子的概率密度为以下形式

$$\begin{aligned}Q(r,t)&=|\psi_{01}(r,t)|^2\\&=\frac{1}{2}[|\psi_0(r)|^2+|\psi_1(r)|^2+\psi_0^*(r)\psi_1(r)\exp(\mathrm{i}\omega_{01}t)+\\&\quad\psi_0(r)\psi_1^*(r)\exp(-\mathrm{i}\omega_{01}t)]\end{aligned} \tag{4.24}$$

这里 $\omega_{01}=\frac{E_1-E_0}{\hbar}$ 是基态和第一激发态能量间的跃迁频率。电子概率密度的振荡周期是

$$T_0=\frac{h}{E_1-E_0} \tag{4.25}$$

4.2.3 数值结果与讨论

对 RbCl 非对称高斯限制势量子阱晶体进行数值计算，在计算中引用实验参数为 $\hbar\omega_{\mathrm{LO}}=21.639$ meV，$m=0.432\ m_0$，$\alpha=3.81$，其结果如图 4-5 所示。

图 4-5 表示了当 $F=5.0\times10^4$ V/cm，$V_0=5.0$ meV，$R=1.0$ nm，$r_0=2.0$ nm和 $z=0.35$ nm 时，RbCl 非对称高斯限制势量子阱晶体的电子处于叠加态 $\frac{1}{\sqrt{2}}(|0\rangle+|1\rangle)$ 电子概率密度 $Q(\rho,t,T_0=22.511\text{ fs})$ 随时间 t 和坐标 ρ

的变化关系。可以发现，RbCl 非对称高斯限制势量子阱的电子以 $T_0 = 22.511$ fs为振荡周期在空间振荡。图 4-5 还表明电子的概率密度随坐标 ρ 变化的关系。而且，由于量子阱的 $x-y$ 平面上限制势是二维对称结构，则电子的概率密度只有一个峰值。这个结果是类似于参考文献中抛物线量子点的情况。

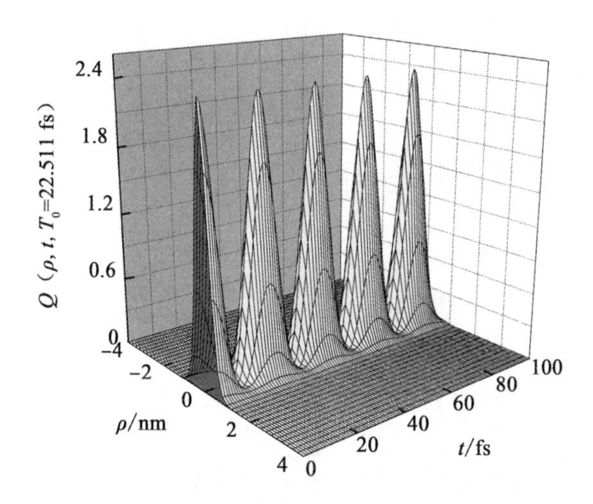

图 4-5　电子的概率密度 $Q(\rho,\ t,\ T_0=22.511\ \mathrm{fs})$ 与时间 t 和坐标 ρ 的关系

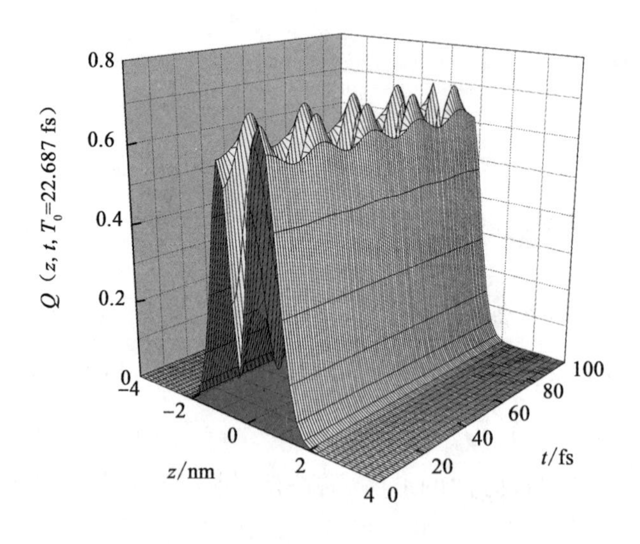

图 4-6　概率密度 $Q(r,\ t)$ 随时间 t 和坐标 z 的变化关系

图 4-6 表示了当 $F=5.0\times10^4$ V/cm，$V_0=5.0$ meV，$R=1.0$ nm，$r_0=2.0$ nm，$x=0.35$ nm 和 $y=0.35$ nm 时，RbCl 非对称高斯限制势量子阱晶体处于叠加态时，电子的概率密度 $Q(\rho, t, T_0=22.511$ fs$)$随时间 t 和坐标 z 的变化关系。显而易见，RbCl 非对称高斯限制势量子阱中的电子以 $T_0=22.511$ fs为振荡周期在空间振荡。图 4-6 还表明电子的概率密度随坐标 z 变化的关系。此外，由于量子阱的生长方向存在不对称的高斯势，电子的概率密度显示在 $z>0$ 时出现一个峰值，$z<0$ 时等于零。

图 4-7 表示了当 $V_0=5.0$ meV，$R=1.0$ nm 时，RbCl 晶体中电子概论密度的振荡周期 T_0 随极化子的半径 r_0 和电场 F 的变化关系。图 4-8 表示了当 $r_0=2.0$ nm，$R=1.0$ nm 时，RbCl 晶体中电子概率密度的振荡周期 T_0 随非对称高斯限制势量子阱的高度 V_0 和电场 F 的变化关系。从图 4-7 和图 4-8 中可以得出：①振荡周期 T_0 随电场 F 的增加而增加。这是因为电场对基态的影响比第一激发态的弱，基态和第一激发态的能级间隔随电场的增大而减小。能级间隔的减小导致了振荡周期的增大。② 振荡周期 T_0 是非对称高

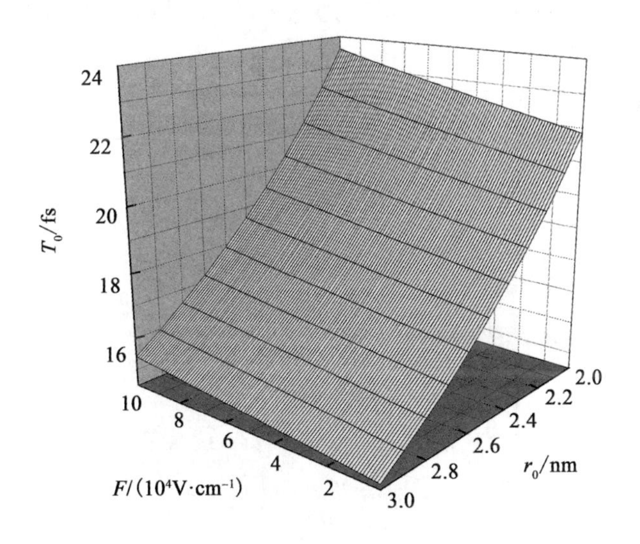

图 4-7　振荡周期 T_0 随电场 F 和极化子半径 r_0 的变化关系

斯限制势量子阱的高度 V_0 和极化子的半径 r_0 的减函数。其原因是非对称高斯限制势量子阱的高度和极化子半径对第一激发态影响弱于基态，随着增长的非对称高斯限制势量子阱的高度及半径的增加，能级差增加，振荡周期减少。

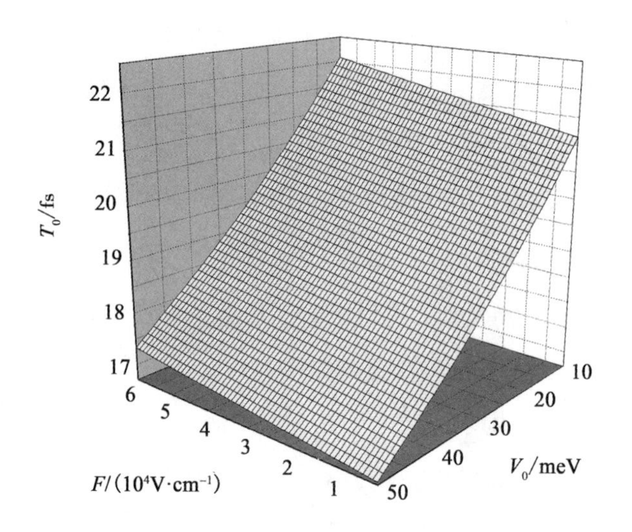

图 4-8　振荡周期 T_0 随高斯受限势量子阱的高度 V_0 和电场 F 的变化关系

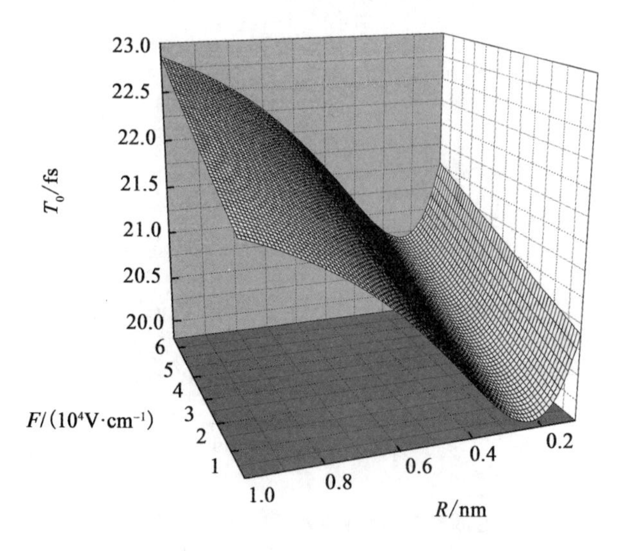

图 4-9　振荡周期 T_0 随电场 F 和受限势的范围 R 的变化关系

图 4-9 表示当 $r_0=2.0$ nm，$V_0=5.0$ meV 时，振荡周期 T_0 随电场 F 和高斯限制势范围 R 的变化关系。结果表明：① 如果高斯限制势范围 $R<0.24$ nm，则振荡周期 T_0 是 R 的递减函数。这是因为在非对称高斯限制势量子阱中，由于当限制势的范围小于临界值时，只存在一个受限量子态(基态 $|0\rangle$)，在非对称高斯势坡上，激态的量子态是连续状态，连续状态的能量接近非对称高斯势底部和不敏感地依赖于非对称高斯限制势量子阱的高斯限制势的范围；② 振荡周期在 $R_{min}=0.24$ nm时存在最小值；③ 当 $R>0.24$ nm时，因为能量差(E_1-E_0)的减少，振荡周期 T_0 随非对称高斯限制势量子阱的限制势的范围 R 的增大而增大。这些特征是由于在量子阱的生长方向存在非对称的高斯势造成的。可以发现，通过改变电场、非对称高斯限制势量子阱限制势的高度、限制势的范围和极化子的半径来调节振荡周期，找到了通过改变上述物理量来调节振荡周期的方法。因此，量子比特的寿命改变是一种全新的抑制退相干的方式。

4.2.4 小 结

利用 Pekar 类型的变分方法研究了非对称高斯限制势量子阱中电场对电子的概率密度和振荡周期的性质的影响。由于量子阱的生长方向存在非对称的高斯限制势，电子的概率密度在 $z>0$ 时出现一个峰值，$z<0$ 时等于零。只有在量子阱的 $x-y$ 平面上限制势是二维对称结构，大增概率密度只有一个峰值。振荡周期是电场的增函数，是非对称高斯限制势量子阱的受限势的高度和极化子的半径的减函数。在 $R<0.24$ nm 时，振荡周期是非对称高斯受限势的范围的减函数；当 $R>0.24$ nm 时，振荡周期是非对称高斯受限势的范围的增函数；当 $R=0.24$ nm 时，振荡周期有最小值。总之，电场受限势的高度、限制势的范围和极化子半径是研究非对称高斯限制势量子阱量子比特属性的重要因素。

4.3 类氢杂质场对高斯势量子阱量子比特性质的影响

在具有类氢杂质的高斯势量子阱(GPQW)中，在电子-LO声子强耦合的条件下，利用Pekar变分法计算了基态和第一激发态(GFES)的本征能和特征函数。GPQW中的这个系统可以被使用于二级量子系统量子比特。当电子处于GFES的叠加态时，我们计算了在一定周期内GPQW中振荡的电子概率密度随时间和坐标的变化。研究结果表明，由于量子阱增长方向存在非对称高斯势，电子概率密度呈现双峰结构，而如果在量子阱平面中加上一个二维对称结构的限制，电子概率密度则呈现单峰结构。振荡周期随库仑杂质势的增加而减小。振荡周期是高斯势量子阱的高度和极化子半径的递减函数。当$R<0.2$ nm时，振荡周期是限制势范围的递减函数；当$R>0.2$ nm时，振荡周期是限制势范围的递增函数；当$R=0.2$ nm时，振荡周期取最小值。

4.3.1 引 言

自1980以来，Benioff引入量子计算机的概念，量子计算科学成为一个快速发展的领域。1982年Feynman指出，为了模拟量子系统，量子计算必须进行量子力学操作。1994年，Shor证明量子计算机可以完成对数运算，并且比传统计算机快得多。在量子计算中完成对数的基本单位是量子比特。单量子比特可以采用双态系统，如半自旋粒子或二能级原子。从1995年至今，许多学者从实验和理论两个方面研究了低维半导体纳米材料中量子比特的性质。2001年，Li等在有效质量包络函数理论的框架下计算了InAs/GaAs单电子量子点量子比特，他们的结果对于设计实现固态的量子计算非常重要。在2008年，王子武等获得了抛物线束缚势和库仑束缚势量子点量子比特的性质。孙勇指出，库仑束缚势通常存在于实际晶体中，并认为这是由于晶体中存在类氢杂质。近三年来，Nguyen 和 Sarma 研究了耦合量子点中的半导体量子比特杂质效应。肖景林研究了温度和库仑束缚势对量子棒量子比特特性的影响。同时，李红娟等研究了三角形和库仑束缚势量子点量子比特。综上所述，杂质对低维半导体纳米材料中半导体量子位的影响是极其重要的。

本章研究了高斯势量子阱中电子-声子强耦合情况下单个电子的量子态。这种量子态可以作为一个量子比特被使用。同时，在类氢杂质的影响下，特定的 RbCl 高斯势量子阱量子比特研究甚少，有待于进一步研究。

4.3.2 理论模型

考虑到电子在极性晶体高斯势量子阱中移动，并与体 LO 声子相互作用。在有效质量近似的框架内，具有类氢杂质的电子-声子相互作用系统的哈密顿量可以写成

$$H=\frac{p^2}{2m}+V(z)+\sum_q \hbar\omega_{\mathrm{LO}}a_q^+a_q+\sum_q\left[V_qa_q\exp(\mathrm{i}q\cdot r)+h.c\right]-\frac{\beta}{r} \tag{4.26}$$

其中

$$V(z)=\begin{cases}-V_0\exp\left(-\dfrac{z^2}{2R^2}\right) & z\geqslant 0\\ \infty & z<0\end{cases} \tag{4.27}$$

式中，m 是电子的带质量，$a_q^+(a_q)$ 表示波矢 q 的体 LO 声子的产生（湮灭）算符，p 和 r 是电子的动量和位置矢量，$V(z)$ 代表量子阱增长方向的 z 方向势，V_0 和 R 分别是高斯势量子阱的高度和限制势的范围。$-\dfrac{\beta}{r}$ 表示电子与氢

类杂质之间的库仑杂质势。库仑杂质势β的强度是$\beta=\frac{e^2}{\varepsilon_0}$。式(4.26)中的$V_q$和α分别为

$$V_q=\mathrm{i}\left(\frac{\hbar\omega_{\mathrm{LO}}}{q}\right)\left(\frac{\hbar}{2m\omega_{\mathrm{LO}}}\right)^{\frac{1}{4}}\left(\frac{4\pi\alpha}{V}\right)^{\frac{1}{2}}$$
$$\alpha=\left(\frac{e^2}{2\ \hbar\omega_{\mathrm{LO}}}\right)\left(\frac{2m\omega_{\mathrm{LO}}}{\hbar}\right)^{\frac{1}{2}}\left(\frac{1}{\varepsilon_\infty}-\frac{1}{\varepsilon_0}\right) \tag{4.28}$$

按照Pekar类型变分法，强耦合极化子的尝试波函数可以分成两部分，分别描述电子和声子，尝试波函数可以写成

$$|\psi\rangle=|\varphi\rangle U|0_{ph}\rangle \tag{4.29}$$

其中，$|\varphi\rangle$只依赖于电子坐标；$|0_{ph}\rangle$表示声子的真空态，即$a_q|0_{ph}\rangle=0$；$U|0_{ph}\rangle$是声子的相干态

$$U=\exp[\sum_q(a_q^+f_q-a_qf_q^*)] \tag{4.30}$$

其中，$f_q(f_q^*)$为变分函数，可以选择电子的尝试基态波函数

$$|\varphi_0\rangle=|0\rangle|0_{ph}\rangle=\pi^{-\frac{3}{4}}\lambda_0^{\frac{3}{2}}\exp\left(-\frac{\lambda_0^2r^2}{2}\right)|0_{ph}\rangle \tag{4.31}$$

同样地，电子在第一激发态中的尝试波函数可以被选择为

$$|\varphi_1\rangle=|1\rangle|0_{ph}\rangle=\left(\frac{\pi^3}{4}\right)^{-\frac{1}{4}}\lambda_1^{\frac{5}{2}}r\cos\theta\exp\left(-\frac{\lambda_1^2r^2}{2}\right)\exp(\pm\mathrm{i}\phi)|0_{ph}\rangle \tag{4.32}$$

其中，λ_0和λ_1是变参数，式(4.31)和式(4.32)满足下面的关系

$$\langle\varphi_0|\varphi_0\rangle=1,\ \langle\varphi_0|\varphi_1\rangle=0,\ \langle\varphi_1|\varphi_1\rangle=1 \tag{4.33}$$

通过使哈密顿量的期望值最小，得到极化子基态能量和第一激发态能量$E_1=\langle\varphi_1|H'|\varphi_1\rangle$。高斯势量子阱中的电子基态和第一激发态能量可以

写成

$$E_0(\lambda_0)=\frac{3\hbar^2}{4m}\lambda_0^2-V_0\left(1+\frac{1}{2\lambda_0^2R^2}\right)^{-\frac{1}{2}}-\frac{\beta}{\sqrt{\pi}}\lambda_0-\frac{\sqrt{2}}{\sqrt{\pi}}\alpha\hbar\omega_{\mathrm{LO}}\lambda_0 r_0 \tag{4.34}$$

$$E_1(\lambda_1)=\frac{5\hbar^2}{4m}\lambda_1^2-V_0\left(1+\frac{1}{2\lambda_1^2R^2}\right)^{-\frac{3}{2}}-\frac{2\beta}{3\sqrt{\pi}}\lambda_1-\frac{3\sqrt{2}}{4\sqrt{\pi}}\alpha\hbar\omega_{\mathrm{LO}}\lambda_1 r_0 \tag{4.35}$$

其中，$r_0=\left(\frac{\hbar}{2m\omega_{\mathrm{LO}}}\right)^{\frac{1}{2}}$是极化子半径，可以用变分方法获得 λ_0和 λ_1，从而得到本征能级和本征波函数。因此，建立了一个两级系统作为单量子位。叠加态可以表示为

$$|\psi_{01}\rangle=\frac{1}{\sqrt{2}}(|0\rangle+|1\rangle) \tag{4.36}$$

电子的量子态的时间演化可以写成

$$\psi_{01}(r,t)=\frac{1}{\sqrt{2}}\psi_0(r)\exp\left(-\frac{\mathrm{i}E_0 t}{\hbar}\right)+\frac{1}{\sqrt{2}}\psi_1(r)\exp\left(-\frac{\mathrm{i}E_1 t}{\hbar}\right) \tag{4.37}$$

高斯势量子阱中电子的概率密度为

$$\begin{aligned}Q(r,t)&=|\psi_{01}(r,t)|^2\\&=\frac{1}{2}[|\psi_0(r)|^2+|\psi_1(r)|^2+\psi_0^*(r)\psi_1(r)\exp(\mathrm{i}\omega_{01}t)+\\&\quad\psi_0(r)\psi_1^*(r)\exp(-\mathrm{i}\omega_{01}t)]\end{aligned} \tag{4.38}$$

其中，$\omega_{01}=\frac{E_1-E_0}{\hbar}$是第一激发态与基态之间的跃迁频率。电子的概率密度的振荡周期

$$T_0=\frac{h}{E_1-E_0} \tag{4.39}$$

4.3.3 数值结果与讨论

本章对 RbCl 晶体进行了数值计算，计算中所用的实验参数为 $\hbar\omega_{LO}=21.639$ meV，$m=0.432m_0$，$\alpha=3.81$。含类氢杂质的 RbCl 量子阱中二能级量子系统的概率密度 $Q(r, t)$ 随时间 t 和坐标 ρ，z 变化的数值结果，以及电子概率密度的振荡周期 T_0 随库仑杂质势 β、高斯势量子阱的高度 V_0、限制势的范围 R 和极化子半径 r_0 的变化如图 4-10 所示。

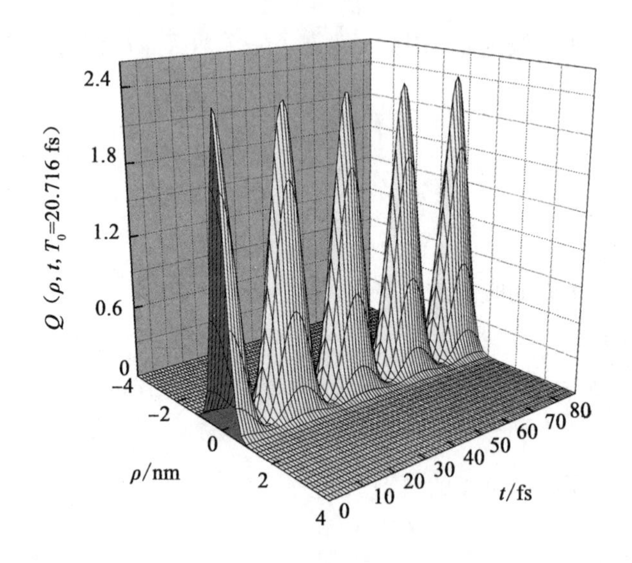

图 4-10 概率密度 $Q(\rho, t, T_0=20.716\ \text{fs})$ 随时间 t 和坐标变化 ρ

图 4-10 显示了当电子处于库仑杂质势 $\beta=1.0$ meV · nm，高斯势量子阱高度 $V_0=5.0$ meV，限制势范围 $R=1.0$ nm，极化子半径 $r_0=2.0$ nm，坐标 $z=0.35$ nm，相位差 $\cos\theta=1$ 时的 RbCl 晶体中，且其处于叠加态$\frac{1}{\sqrt{2}}(|0\rangle+|1\rangle)$时，其概率密度 $Q(\rho, t, T_0=20.716\ \text{fs})$ 随时间 t 和坐标的变化情况，可以看出，电子在 RbCl 量子阱中以振荡周期 $T_0=20.716$ fs 振荡。图 4-10 还表现出概率密度随坐标 ρ 呈周期性变化。此外，如果加上在量子阱平面

内为二维对称结构的限制，则只有一个峰值。这一结果与文献中的抛物型量子点情形相同。

图 4-11 显示了当电子处于库仑杂质势 $\beta=1.0$ meV · nm，高斯势量子阱高度 $V_0=5.0$ meV，限制势范围 $R=1.0$ nm，极化子半径 $r_0=2.0$ nm，坐标 $x=0.35$ nm 和 $y=0.35$ nm，相位差 $\cos\theta=1$ 的 RbCl 晶体中，且其处于叠加态 $\frac{1}{\sqrt{2}}(|0\rangle+|1\rangle)$ 时，其概率密度 $Q(z, t, T_0=20.716\ \text{fs})$ 随时间 t 和坐标 z 的变化情况，可以看出，电子在 RbCl 量子阱中振荡的振荡周期 $T_0=20.716$ fs。在图 4-11 中，可以发现概率密度随坐标 z 呈周期性变化。同时，由于量子阱增长方向存在不对称的高斯势，电子概率密度呈现双峰结构。其结果与非对称量子点和量子棒的结果一致。

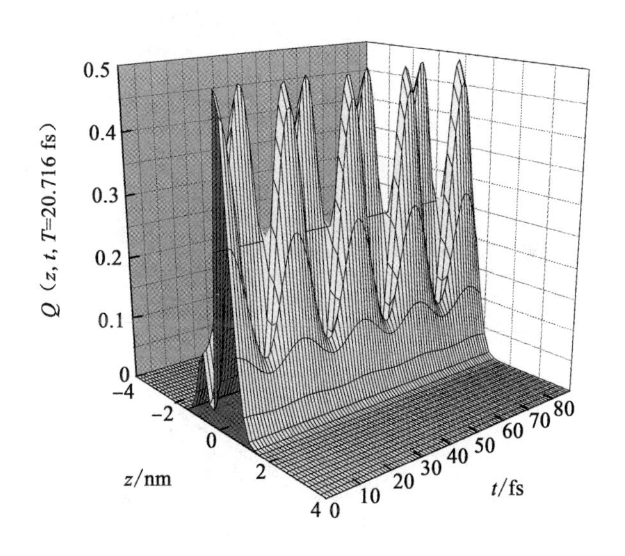

图 4-11　概率密度 $Q(z, t, T_0=20.716\ \text{fs})$ 随时间 t 和坐标 z 变化规律

图 4-12 显示了具有确定高斯势量子阱高度 $V_0=5.0$ meV 和限制势范围 $R=1.0$ nm 的 RbCl 晶体的振荡周期 T_0 随极化子半径 r_0 和库仑杂质势 β 之间的变化关系。

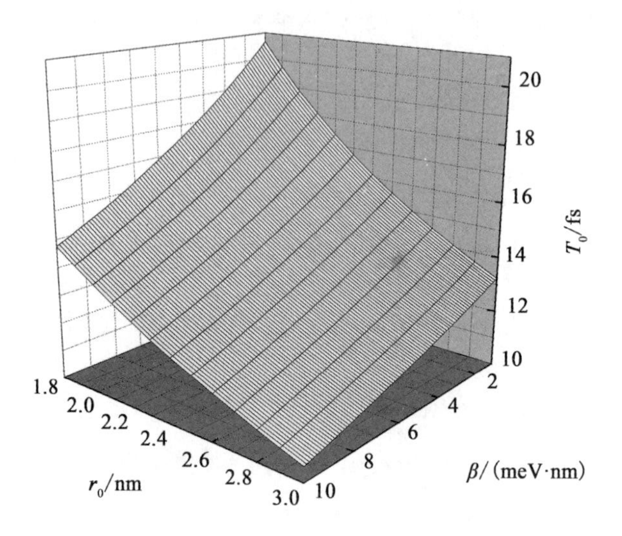

图 4-12　振荡周期 T_0 随库仑势 β 和极化子半径 r_0 的变化规律

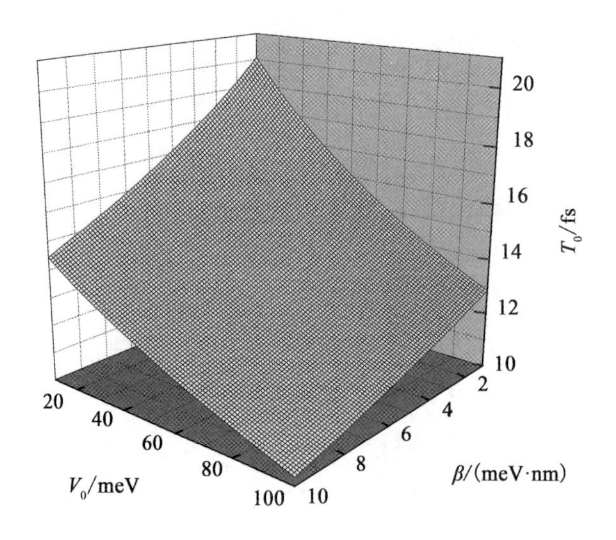

图 4-13　振荡周期 T_0 随高斯量子阱的高度 V_0 和库仑杂质势 β 的变化规律

图 4-13 表示具有确定极化子半径 $r_0 = 2.0$ nm 和限制势的范围 $R =$ 1.0 nm的 RbCl 晶体的振荡周期 T_0 是一个高斯势量子阱 V_0 和库仑杂质势 β 的函数，从图 4-12 和图 4-13 可以容易地发现：① 振荡周期 T_0 随着库仑杂

质势 β 的增加而减小。由于第一激发态的库仑杂质势弱于基态的库仑杂质势，并且随着库仑杂质势的增加，第一激发态的增加小于基态的增加。第一激发态和基态之间的能量空间随着库仑杂质势的增加而增加，能量空间的增加导致振荡周期的减小。由于类氢杂质的出现，库仑束缚势被认为总是存在于真实晶体中。由于电子与类氢杂质之间的库仑束缚势，电子的叠加态振荡周期减小。② 振荡周期 T_0 是高斯势量子阱高度 V_0 和极化子半径 r_0 的递减函数，这是因为随着高斯势量子阱和极化子半径的增大，高斯势阱高度和极化子半径对第一激发态的影响比基态弱。因此，第一激发态与基态之间的能量空间随着高斯势量子阱高度和极化子半径的增加及振荡周期的减小而增加。

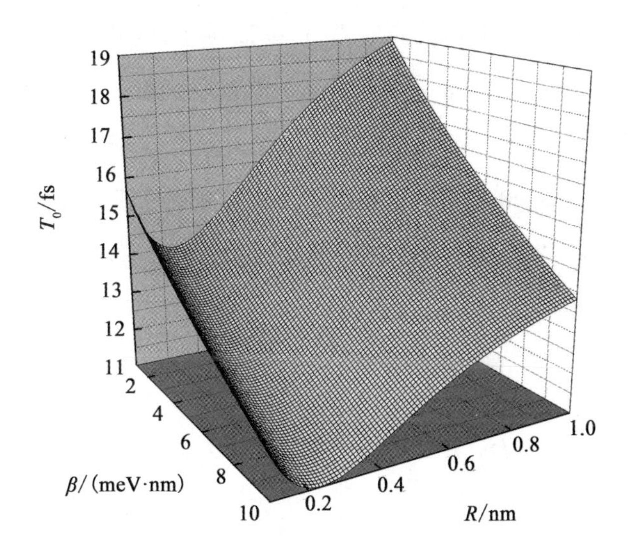

图 4-14　振荡周期 T_0 随库仑杂质势 β 和受限势的范围 R 的变化规律

对于具有确定极化子半径 $r_0 = 2.0$ nm 和高斯势量子阱高度 $V_0 =$ 20.0 meV的 RbCl 晶体，振荡周期 T_0 是库仑杂质势 β 和限制势范围 R 的函数，如图 4-14 所示。研究结果表明，当 $R<0.24$ nm 时，振荡周期 T_0 是限制势 R 范围的递减函数；当 $R>0.24$ nm 时，振荡周期 T_0 是限制势范围 R 的递增函数；当 $R=0.24$ nm 时，振荡周期取最小值。这种特性是因为在量子阱的增长方向上存在高斯势。通过改变磁场的回旋频率、高斯势量子阱的高度、限制势的范围和极化子半径，可以调节电子概率密度的振荡周期。这一性质开辟了通过改变上述物理量来调节振荡周期的新途径，从而改变了量子比特的寿命，进而提出了抑制退相干的新途径。

4.3.4 小 结

本章利用Pekar类型变分方法研究了类氢杂质在坐标原点的非对称高斯量子阱中电子的概率密度和振荡周期的杂质效应。当电子处于基态和激发态的叠加状态时，电子概率密度在一定的周期内振荡。研究结果表明，由于量子阱增长方向上的非对称高斯势的存在，电子概率密度呈现双峰结构；而当量子阱平面是二维对称结构时，电子的概率密度是单峰结构。振荡周期随库仑杂质势的增加而减小。振荡周期是高斯势量子阱高度和极化子半径的递减函数；当 $R<0.2$ nm时，振荡周期是限制势范围的递减函数；当 $R>0.2$ nm 时，振荡周期是限制势范围的递增函数；当 $R=0.2$ nm 时，振荡周期取最小值。

参考文献

[1] CHO A Y, ARTHUR J R.Molecular beam epitaxy[J].Progress in solid state chemistry, 1975, 10: 157-191.

[2] DAPKUS P D.Metal-organic chemical vapor deposition[J].Annual review of materials science, 1982, 12(1): 243-269.

[3] VARGO T G, THOMPSON P M, GERENSER L J, et al. Monolayer chemical lithography and characterization of fluoropolymer films [J]. Langmuir, 1992, 8(1): 130-134.

[4] NEGOITA V, SNOKE D W, EBERL K. Harmonic-potential traps for indirect excitons in coupled quantum wells[J].Physical review B, 1999, 60(4): 2661-2669.

[5] NOMURA S, NAKANISHI T, AOYAGI Y. Fermi-edge singularities in photoluminescence spectra of *n*-type modulation-doped quantum wells with a lateral periodic potential [J]. Physical review B, 2001, 63 (16): 165330-1-165330-6.

[6] ALSINA F, STOTZ J A H, HEY R, et al.Acoustically induced potential dots in GaAs quantum wells[J].Solid state communications, 2004, 129 (7): 453-457.

[7] CLAUSEN C, USMANI I, BUSSIERES F, et al. Quantum storage of photonic entanglement in a crystal [J]. Nature, 2011, 469 (7331): 508-511.

[8] WEITENBERG C, KUHR S, M∅IMER K, et al.Quantum computation architecture using optical tweezers[J].Physical review A, 2011, 84(3): 032322-1-032322-9.

[9] ALICEA J, OREG Y, REFAEL G, et al. Non-Abelian statistics and topological quantum information processing in 1D wire networks [J]. Nature physics, 2011, 7(5): 412-417.

[10] FERRÓN A, SERRA P, OSENDA O. Quantum control of a model qubit based on a multi-layered quantum dot [J]. Journal of applied physics, 2013, 113(13): 134304-1-134304-8.

[11] JORDAN S P, LEE K S M, PRESKILL J. Quantum algorithms for quantum field theories [J]. Science, 2012, 336(6085): 1130-1133.

[12] ZHANG L, LUO J W, SARAIVA A, et al. Genetic design of enhanced valley splitting towards a spin qubit in silicon [J]. Nature communications, 2013, 4: 2396-1-2396-7.

[13] XIE W F. Condensed matter: electronic structure, electrical, magnetic, and optical properties-two interacting electrons in a spherical Gaussian confining potential quantum well [J]. Communications in theoretical physics, 2004, 42(1): 151-154.

[14] PEKAR S I. Untersuchungen über die elektronen-theorie der kristalle [M]. Berlin: Akademie Verlag, 1954.

[15] DING Z H, SUN Y, XIAO J L. Optical phonon effect in an asymmetric quantum dot qubit [J]. International journal of quantum information, 2012, 10(7): 1250077-1-1250077-9.

[16] XIAO W, XIAO J L. Coulomb bound potential quantum rod qubit [J]. Superlattices and microstructures, 2012, 52(4): 851-860.

[17] BIOLATTI E, IOTTI R C, ZANARDI P, et al. Quantum information processing with semiconductor macroatoms [J]. Physical review letters, 2000, 85(26): 5647-5650.

[18] MONROE C. Quantum information processing with atoms and photons [J].

Nature, 2002, 416(6877): 238-246.

[19] DIVINCENZO D P.Quantum computation[J].Science, 1995, 270(5234): 255-261.

[20] DIVINCENZO D P.Two-bit gates are universal for quantum computation [J].Physical review A, 1995, 51(2): 1015-1022.

[21] SIMON D R.On the power of quantum computation[J].SIAM journal on computing, 1997, 26(5): 1474-1483.

[22] GORMAN J, HASKO D G, WILLIAMS D A.Charge-qubit operation of an isolated double quantum dot[J].Physical review letters, 2005, 95 (9): 090502-1-090502-4.

[23] TRAUZETTEL B, BULAEV D V, LOSS D, et al.Spin qubits in graphene quantum dots[J].Nature physics, 2007, (3): 192-196.

[24] CHEN P, PIERMAROCCHI C, SHAM L J, et al.Theory of quantum optical control of a single spin in a quantum dot[J].Physical review B, 2004, 69(7): 075320-1-075320-8.

[25] FRIESEN M, RUGHEIMER P, SAVAGE D E, et al.Practical design and simulation of silicon-based quantum-dot qubits[J].Physical review B, 2003, 67(12): 121301-1-121301-4.

[26] PIERMAROCCHI C, CHEN P, DALE Y S, et al.Theory of fast quantum control of exciton dynamics in semiconductor quantum dots[J].Physical review B, 2002, 65(7): 075307-1-075307-10.

[27] MOOIJ J E, ORLANDO T P, LEVITOV L, et al.Josephson persistent-current qubit[J].Science, 1999, 285(5430): 1036-1039.

[28] ORLANDO T P, MOOIJ J E, TIAN L, et al.Superconducting persistent-current qubit[J].Physical review B, 1999, 60(22): 15398-15413.

[29] RUSKOV R, KOROTKOV A N.Quantum feedback control of a solid-state

qubit[J].Physical review B, 2002, 66(4): 041401-1-041401-4.

[30] HUANG P, HU X.Spin qubit relaxation in a moving quantum dot[J]. Physical review B, 2013, 88(7): 075301-1-075301-9.

[31] XIAO J L.Effects of electric field and temperature on RbCl asymmetry quantum dot qubit[J].Journal of the physical society of Japan, 2014, 83(3): 034004-1-034004-4.

[32] XIAO J L.The effect of electric field on an asymmetric quantum dot qubit[J].Quantum information processing, 2013(12): 3707-3716.

[33] YU Y F, LI H, YIN J.The effects of electric field on oscillation period of triangular bound potential quantum dot qubit [J]. Journal of low temperature physics, 2013, 173(5/6): 282-288.

[34] YIN J W, XIAO J L, YU Y F, et al.The influence of electric field on a parabolic quantum dot qubit[J]. Chinese physics B, 2009, 18(2): 446-450.

[35] BENIOFF P.The computer as a physical system: a microscopic quantum mechanical Hamiltonian model of computers as represented by Turing machines[J].Journal of statistical physics, 1980, 22(5): 563-591.

[36] IMAMOG A, AWSCHALOM D D, BURKARD G, et al. Quantum information processing using quantum dot spins and cavity QED[J]. Physical review letters, 1999, 83(20): 4204-4207.

[37] PRYOR C E, FLATTÉ M E.Predicted ultrafast single-qubit operations in semiconductor quantum dots[J].Applied physics letters, 2006, 88(23): 233108-1-233108-3.

[38] STIEVATER T H, LI X, STEEL D G, et al.Rabi oscillations of excitons in single quantum dots[J]. Physical review letters, 2001, 87(13): 133603-1-133603-4.

[39] WITZEL W M, SARMA S D.Quantum theory for electron spin decoherence induced by nuclear spin dynamics in semiconductor quantum computer architectures: spectral diffusion of localized electron spins in the nuclear solid-state environment[J].Physical review B, 2006, 74(3): 035322-1-035322-24.

[40] PETTA J R, JOHNSON A C, TAYLOR J M, et al.Coherent manipulation of coupled electron spins in semiconductor quantum dots[J].Science, 2005, 309(5744): 2180-2184.

[41] YANG S, WANG X, SARMA S D.Generic Hubbard model description of semiconductor quantum-dot spin qubits[J].Physical review B, 2011, 83(16): 161301-1-161301-4.

[42] XIAO J L.Influences of temperature and coulomb bound potential on the properties of quantum rod qubit[J].Superlattices and microstructures, 2013, 60: 248-256.

[43] LI H, YIN J, XIAO J.The triangular and coulomb bound potential quantum dot qubit[J].Journal of low temperature physics, 2013, 172(3/4): 266-273.

[44] DEVREESE J T.Polarons in ionic crystals and polar semiconductors[M]. Amsterdam: North Holland Publish Company, 1972.

5　赝量子点量子比特性质

5.1　赝量子点量子比特声子效应

本章利用 Pekar 类型变分方法研究了量子赝点中电子与 LO 声子强耦合极化子的基态和第一激发态的本征能和本征函数。可以发现：① 赝量子点系统可以作为二级量子比特；② 当电子处于叠加态时，赝量子点电子在一定时期内的时间演化和坐标变化概率密度振荡；③ 由于赝量子点存在不对称结构的 z 和 r 方向，电子的概率密度显示双峰结构，而如果受限在 xoy 平面的二维赝量子点对称结构，则只有一个峰值；④ 振荡周期是二维电子气的化学势和赝势零点的递减函数，而是一个随着极化子半径增加的函数。

5.1.1　引言

长期以来，纳米科学和纳米技术形成了一个重要的研究领域。在这一领域，大量的理论思想和实验工作集中在一些新奇的低维半导体，如量子反点、赝量子点、量子反势阱等。这种结构将载流子限制在一维、二维和三维空间中，可能会产生新的现象，并在光信息处理技术的器件应用中突显出巨大的潜力。自量子点、量子线、量子阱和量子棒问世以来，研究人员一直在研究这种新的纳米结构，研究了材料结构计算、极化子效应、电子性质和光声子效应等物理性质。近年来，由于低维纳米结构的特殊行为，其光学特性引起了人们的广泛关注。不仅上述量子结构的光学性质非常重要，而且电子和声子的性质也非常有意义。在纳米结构的特性中，人们对量子系统量子比特的光学声子效应的兴趣日益浓厚。先前工作主要集中于量子点、量子棒和量子阱量子比特。例如，李树深等在 InAs/GaAs 量子点的有效质量包络函数理论框架下计算了电子量子力学状态的时间演化；孙勇等人获得了磁场对量子棒量子比特的影响；Hao 等人研究了耦合量子阱纳米结构的极化量子位相栅。然而，研究报告高斯势量子阱电子与低频声子强耦合的量子比特的本征能量和本征函数还很少。

本章利用 Pekar 类型变分方法研究了赝量子点中电子与 LO 声子强耦合的基态和激发态的本征能量及其相关本征函数。在一个量子点上的这个系统可以作为一个二能级量子比特。得到了当电子处于基态和激发态的叠加态时，赝量子点在一定周期内电子的概率密度振荡规律。同时，讨论了量子阱高度、约束势范围和极化子半径对振荡周期的影响。

5.1.2 理论模型

所考虑的电子在具有赝势的极性晶体赝量子点中运动，并与体 LO 声子相互作用。电子-声子相互作用系统的哈密顿量可以写成

$$H = \frac{p^2}{2m} + V(r) + \sum_q \hbar\omega_{\mathrm{LO}} a_q^+ a_q + \sum_q \left[V_q a_q \exp(\mathrm{i}q \cdot r) + h.c \right] \quad (5.1)$$

其中

$$V(r)=V_0\left(\frac{r}{r_0}-\frac{r_0}{r}\right)^2 \tag{5.2}$$

m 是电子的带质量，$a_q^+(a_q)$代表声子波矢为 q 的产生湮灭算符，p 和 r 是电子的动量和位置矢量，$V(r)$抛物势和反点势构成的赝谐振势。V_0 是二维电子气的化学势，r_0 是赝谐振势零点。式(5.1)中 V_q 和 α 为

$$\begin{aligned} V_q&=\mathrm{i}\left(\frac{\hbar\omega_{\mathrm{LO}}}{q}\right)\left(\frac{\hbar}{2m\omega_{\mathrm{LO}}}\right)^{\frac{1}{4}}\left(\frac{4\pi\alpha}{V}\right)^{\frac{1}{2}} \\ \alpha&=\left(\frac{e^2}{2\ \hbar\omega_{\mathrm{LO}}}\right)\left(\frac{2m\omega_{\mathrm{LO}}}{\hbar}\right)^{\frac{1}{2}}\left(\frac{1}{\varepsilon_\infty}-\frac{1}{\varepsilon_0}\right) \end{aligned} \tag{5.3}$$

根据 Pekar 变分法，强耦合极化子的试波函数可以分为两个部分，分别描述电子和声子，尝试波函数可以写成

$$|\psi\rangle=|\varphi\rangle U|0_{ph}\rangle \tag{5.4}$$

其中，$|\varphi\rangle$ 仅仅依赖于电子坐标，$|0_{ph}\rangle$ 代表声子的真空态，满足 $a_q|0_{ph}\rangle=0$ 和 $U|0_{ph}\rangle$ 是声子的相干态。

$$U=\exp\left[\sum_q(a_q^+f_q-a_qf_q^*)\right] \tag{5.5}$$

其中，$f_q(f_q^*)$为变分函数，选择电子和声子的基态和激发态尝试波函数

$$|\varphi_0\rangle=|0\rangle|0_{ph}\rangle=\pi^{-\frac{3}{4}}\lambda_0^{\frac{3}{2}}\exp\left(-\frac{\lambda_0^2r^2}{2}\right)|0_{ph}\rangle \tag{5.6}$$

$$|\varphi_1\rangle=|1\rangle|0_{ph}\rangle=\left(\frac{\pi^3}{4}\right)^{-\frac{1}{4}}\lambda_1^{\frac{5}{2}}r\cos\theta\exp\left(-\frac{\lambda_1^2r^2}{2}\right)\exp(\pm\mathrm{i}\phi)|0_{ph}\rangle \tag{5.7}$$

其中，λ_0和 λ_1是变分参数。式(5.6)和式(5.7)满足关系

$$\langle\varphi_0|\varphi_0\rangle=1,\ \langle\varphi_0|\varphi_1\rangle=0,\ \langle\varphi_1|\varphi_1\rangle=1 \tag{5.8}$$

求哈密顿量的最小期待值，可以计算出极化子的基态能量 $E_0=\langle\varphi_0|H'$

$|\varphi_0\rangle$和激发态能量 $E_1=\langle\varphi_1|H'|\varphi_1\rangle$。赝量子点中的电子基态和激发态能量为

$$E_0(\lambda_0)=\frac{3\hbar^2}{4m}\lambda_0^2+\frac{3V_0}{2\lambda_0^2r_0^2}+2V_0\lambda_0^2r_0^2-2V_0-\frac{\sqrt{2}}{\sqrt{\pi}}\alpha\hbar\omega_{\mathrm{LO}}\lambda_0R_0 \tag{5.9}$$

$$E_1(\lambda_1)=\frac{5\hbar^2}{4m}\lambda_1^2+\frac{5V_0}{2\lambda_1^2r_0^2}+\frac{2}{3}V_0\lambda_1^2r_0^2-2V_0-\frac{3\sqrt{2}}{4\sqrt{\pi}}\alpha\hbar\omega_{\mathrm{LO}}\lambda_1R_0 \tag{5.10}$$

其中，$R_0=\left(\frac{\hbar}{2m\omega_{\mathrm{LO}}}\right)^{\frac{1}{2}}$是极化子半径。通过变分方法计算 λ_0和 λ_1和计算本征能级和波函数。因此，一个二能级系统可以作为一个量子比特。叠加态表示为

$$|\psi_{01}\rangle=\frac{1}{\sqrt{2}}(|0\rangle+|1\rangle) \tag{5.11}$$

电子的量子态的时间演化

$$\psi_{01}(r,t)=\frac{1}{\sqrt{2}}\psi_0(r)\exp\left(-\frac{\mathrm{i}E_0t}{\hbar}\right)+\frac{1}{\sqrt{2}}\psi_1(r)\exp\left(-\frac{\mathrm{i}E_1t}{\hbar}\right) \tag{5.12}$$

在赝量子点中的电子的概率密度

$$\begin{aligned}Q(r,t)&=|\psi_{01}(r,t)|^2\\&=\frac{1}{2}[|\psi_0(r)|^2+|\psi_1(r)|^2+\psi_0^*(r)\psi_1(r)\exp(\mathrm{i}\omega_{01}t)+\\&\quad\psi_0(r)\psi_1^*(r)\exp(-\mathrm{i}\omega_{01}t)]\end{aligned} \tag{5.13}$$

其中，$\omega_{01}=\frac{E_1-E_0}{\hbar}$是基态和激发态之间的跃迁频率。电子的概率密度的振荡周期为

$$T_0=\frac{h}{E_1-E_0} \tag{5.14}$$

5.1.3 数值结果与讨论

RbCl 晶体的数值计算参数为 $\alpha=3.81$，$m=0.432\ m_0$，$\hbar\omega_{LO}=21.639$ meV。图 5-1～图 5-6 表明电子的概率密度 $Q(r, t)$ 的数值结果与坐标 r 和时间 t、振荡周期 T_0 与二维电子气的化学势 V_0、赝势零点 r_0 和极化子半径 R_0 的变化关系。

图 5-1 表示当电子处于 $V_0=10.0$ meV，$R_0=2.0$ nm，$r_0=1.0$ nm，$y=0.35$ nm，$z=0.35$ nm 的叠加状态时的概率密度 $Q(x, t, T_0=7.780\ \mathrm{fs})$ 随时间 t 和坐标 x 的变化关系。图 5-2 表示电子处于 $V_0=10.0$ meV，$R_0=2.0$ nm，$r_0=1.0$ nm，$x=0.35$ nm，$z=0.35$ nm 和 $\cos\theta=1$ 叠加状态时的概率密度随时间 t 和坐标 y 的变化关系。图 5-3 给出了电子处于 $V_0=10.0$ meV，$R_0=2.0$ nm，$r_0=1.0$ nm，$x=0.35$ nm，$y=0.35$ nm 和 $\cos\theta=1$ 叠加状态时的概率密度 $Q(z, t, T_0=7.780\ \mathrm{fs})$ 随时间 t 和坐标 z 的变化关系。图 5-4 表示电子处于 $V_0=10.0$ meV，$R_0=2.0$ nm，$r_0=1.0$ nm 和 $\cos\theta=1$ 的叠加态时，概率密度 $Q(r, t, T_0=7.780\ \mathrm{fs})$ 随时间 t 和坐标 r 的变化关系。从图 5-1～图 5-4 中可以看到，电子在 RbCl 赝量子点中以振荡周期 $T_0=7.780$ fs 振荡。从图 5-1 和图5-4也可以看出，概率密度随着 y 坐标的变化而变化，而且由于赝量子点在 x，y 方向上存在对称结构，概率密度仅呈现单峰。这一结果与文献中抛物线量子点的情况类似。从图 5-3 和图 5-4 可以看出，由于赝量子点在 z 方向和 r 方向存在不对称结构，电子概率密度呈现双峰，这一结果与非对称量子点和量子棒的结果一致。这种特性是由赝量子点中的赝谐波势引起的。

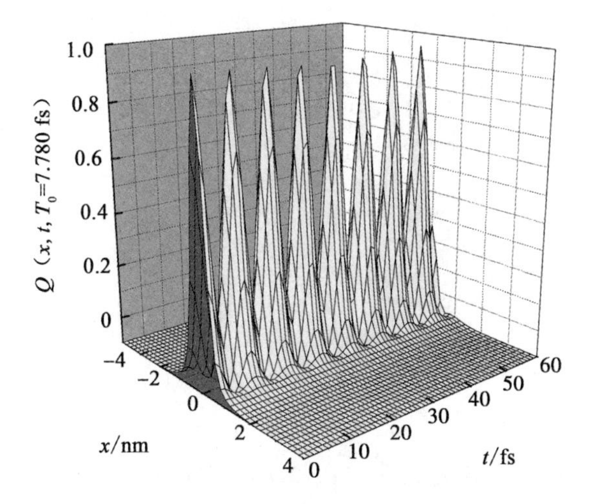

图 5-1　电子的概率密度 $Q(x, t, T_0=7.780\ \text{fs})$ 随时间 t 和坐标 x 的变化关系

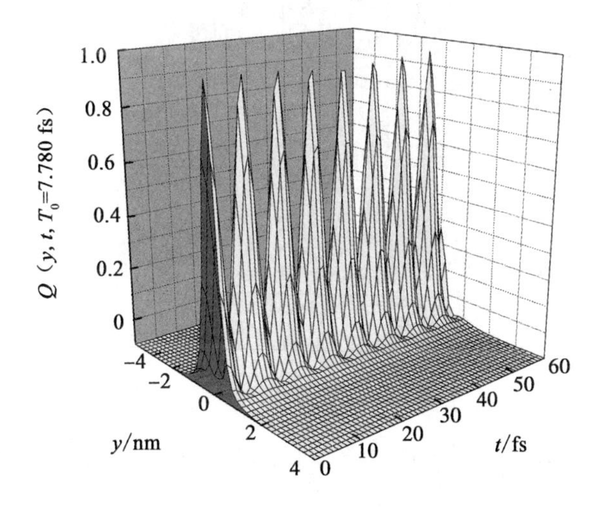

图 5-2　电子概率密度 $Q(y, t, T_0=7.780\ \text{fs})$ 随时间 t 和坐标 y 的变化关系

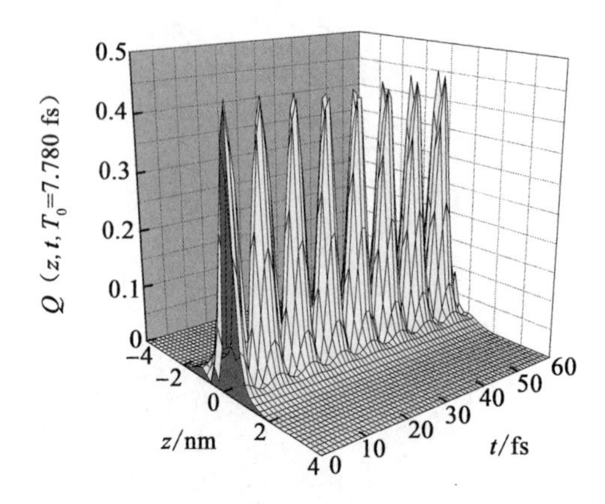

图 5-3　电子的概率密度 $Q(z, t, T_0=7.780\ \mathrm{fs})$ 随时间 t 和坐标 z 的变化关系

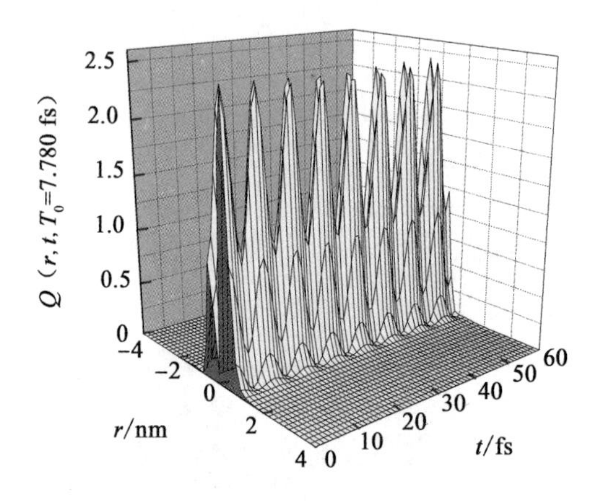

图 5-4　电子的概率密度 $Q(r, t, T_0=7.780\ \mathrm{fs})$ 随时间 t 和坐标 r 的变化关系

图 5-5 表明振荡周期与二维电子气的化学势和赝势零点变化关系，发现振荡周期随二维电子气的化学势和赝势零点增加。这是由于随着二维电子气的增加和赝谐势零点的增大，它们对激发态的影响弱于基态。因此，随着二维电子气体和赝谐势零点的增大，赝谐势之间的能量空间增大，振荡周期减小。

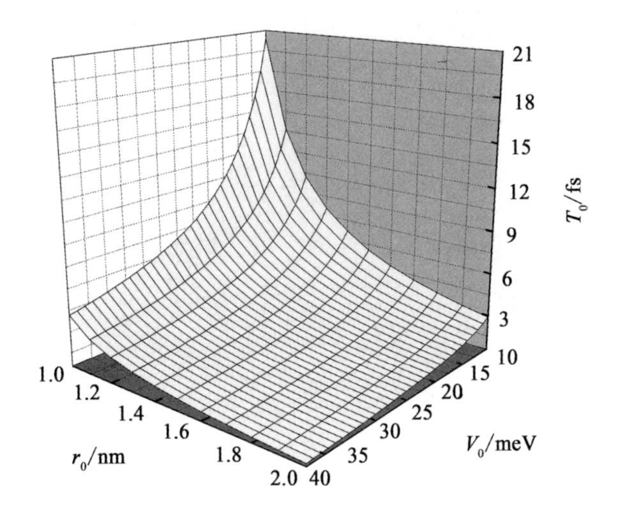

图 5-5　振荡周期与二维电子气的化学势和赝势零点变化关系

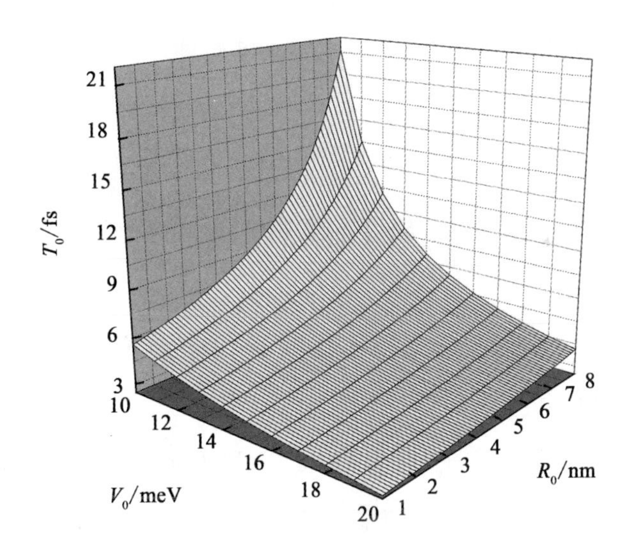

图 5-6　振荡周期随二维电子气的化学势和极化子半径的变化

在图 5-6 中，绘制了振荡周期随二维电子气的化学势和极化子半径的变化。可以发现，振荡周期随极化子半径的增大而增大。这是由于极化子半径在第一激发态下对量子阱极化子半径的影响比基态的影响小，在极化子半径减小的情况下，一激发态极化子半径的增加比基态的增加小。因此，极化子的能级差随极化子半径的减小而增大，振荡周期减小。引起这种特性是因为赝量子点存在赝谐势。

可以通过改变二维电子气的化学势、赝谐势的零点、极化子半径等物理量来调整概率密度的振荡周期。这样，量子比特的寿命将会延长，这就提出了一种抑制退相干的新方法。

5.1.4 小　结

在计算的赝量子点极化子能级的基础上，研究了二维电子气体的概率密度与时间、坐标、振荡周期与化学势、赝谐势零点和极化子半径的关系。研究结果表明：① 赝量子点中电子的概率密度呈现周期性振荡；② 振荡周期是二维电子气的化学势和赝势零点的递减函数，且是极化子半径的递增函数。

5.2 电场对赝量子点量子比特性质的影响

利用 Pekar 类型变分法计算了强电子–声子耦合条件下量子力学电子态的时间演化和坐标变化。在外加电场作用下，电子被限制在量子赝点中。计算了基态和第一激发态的本征能和本征函数。所研究的体系可以作为一个二能级量子系统的量子比特。研究了电子处于基态和激发态的叠加态时，在赝量子点具有一定周期的电子概率密度振荡。研究结果表明：由于量子阱 z 和 r 方向的不对称结构，电子概率密度呈现双峰结构，而在 xoy 平面的二维对称结构约束下，电子概率密度只有单峰。振荡周期随电场的增大而减小。振荡周期是二维电子气化学势和赝势零点的递减函数，且是极化子半径的递增函数。

5.2.1 引 言

在过去的几十年里，新型的低维半导体结构，如量子点、量子反点和赝量子点，在理论和实验方面都受到了研究者们的极大关注。这些结构新奇的物理性质在纳米技术器件应用方面呈现出巨大的潜力。自首次发现量子点以来，研究人员越来越多地研究有趣的纳米结构。在过去的几年里，研究了新结构的一些物理性质，如电子性质、光学性质、声子效应和极化子效应等。在这些研究中，低维半导体结构因其有趣的电子特性而引起了人们的广泛关注。众所周知，研究这些结构的电学性质对于新型电子和光学器件的制造和应用具有重要的意义。关于纳米结构如量子点、量子线和量子阱的电子性质，已有许多理论和实验工作，如 Madhav 等研究了磁场中各向异性量子点的电子特性。为了获得更多关于纳米结构的电子性质的信息，读者可以参考文献[12]~[14]。需要指出的是，浅层温度、杂质、磁场、电场、压力等外部因素都会改变纳米结构的电子性质。在各种外部因素中，低维系统的电场效应无论在理论还是实验方面都是非常重要的。近年来，一些研究者对低维电场半导体系统的电子特性进行了研究，如 Chang 等研究了电场对球形量子点电子结构的影响。为了获取更多的信息，读者可以参考文献[16]~[18]。根据量子点的电子性质，精确求解了相关的哈密顿量，得到了电子的能级和波函数。这个能级和波函数可以看作一个二能级量子系统的量子比特，量子比特在量子信息处理和量子计算中起着重要的作用。许多研究者都在研究固体半导体材料中有趣的量子比特，如 Li 等计算出 InAs/GaAs 单电子量子点量子比特，并指出叠加态电子密度在量子点内振荡，周期在飞秒量级。为了获得更多关于低维半导体材料的量子比特的信息，读者可以参考文献[20]~[22]。虽然对半导体量子点的电子性质和量子系统量子比特进行了大量的研究，但对电场、对量子赝点量子比特的影响还没有研究。

5.2.2 理论模型

所考虑的电子在具有赝谐势的极性晶体量子赝点中运动，并与体LO声子相互作用，在有电场沿着ρ_x的方向$\rho_x=r(r,\theta,\frac{\pi}{2})$。电子-声子相互作用系统的哈密顿量可以写成

$$H=\frac{p^2}{2m}+V(r)+\sum_q \hbar\omega_{\mathrm{LO}}a_q^+a_q+\sum_q[V_qa_q\exp(\mathrm{i}q\cdot r)+h.c]-e^*F\rho_x \tag{5.15}$$

其中

$$V(r)=V_0\left(\frac{r}{r_0}-\frac{r_0}{r}\right)^2 \tag{5.16}$$

m是电子的带质量，$a_q^+(a_q)$代表声子波矢为q的产生湮灭算符。p和r是电子的动量和位置矢量。$V(r)$抛物势和反点势构成的赝谐振势。其中，V_0是二维电子气的化学势，r_0是赝谐振势零点。式(5.15)中V_q和α分别为

$$\begin{aligned}V_q&=\mathrm{i}\left(\frac{\hbar\omega_{\mathrm{LO}}}{q}\right)\left(\frac{\hbar}{2m\omega_{\mathrm{LO}}}\right)^{\frac{1}{4}}\left(\frac{4\pi\alpha}{V}\right)^{\frac{1}{2}}\\ \alpha&=\left(\frac{e^2}{2\hbar\omega_{\mathrm{LO}}}\right)\left(\frac{2m\omega_{\mathrm{LO}}}{\hbar}\right)^{\frac{1}{2}}\left(\frac{1}{\varepsilon_\infty}-\frac{1}{\varepsilon_0}\right)\end{aligned} \tag{5.17}$$

根据Pekar类型变分法，强耦合极化子的试波函数可以分为两个部分，分别描述电子和声子，尝试波函数可以写成

$$|\psi\rangle=|\varphi\rangle U|0_{ph}\rangle \tag{5.18}$$

其中，$|\varphi\rangle$仅仅依赖于电子坐标；$|0_{ph}\rangle$代表声子的真空态，满足

$a_q \mid 0_{ph} \rangle = 0$和 $U \mid 0_{ph} \rangle$ 是声子的相干态。

$$U = \exp\left[\sum_q (a_q^+ f_q - a_q f_q^*) \right] \tag{5.19}$$

其中，$f_q(f_q^*)$为变分函数，选择电子和声子的基态和激发态尝试波函数

$$| \varphi_0 \rangle = | 0 \rangle \, | 0_{ph} \rangle = \pi^{-\frac{3}{4}} \lambda_0^{\frac{3}{2}} \exp\left(-\frac{\lambda_0^2 r^2}{2} \right) | 0_{ph} \rangle \tag{5.20}$$

$$| \varphi_1 \rangle = | 1 \rangle \, | 0_{ph} \rangle = \left(\frac{\pi^3}{4} \right)^{-\frac{1}{4}} \lambda_1^{\frac{5}{2}} r \cos\theta \exp\left(-\frac{\lambda_1^2 r^2}{2} \right) \exp(\pm i\phi) \, | 0_{ph} \rangle \tag{5.21}$$

其中，λ_0和 λ_1是变分参数。式(5.20)和式(5.21)满足关系

$$\langle \varphi_0 | \varphi_0 \rangle = 1, \ \langle \varphi_0 | \varphi_1 \rangle = 0, \ \langle \varphi_1 | \varphi_1 \rangle = 1 \tag{5.22}$$

求哈密顿量的最小期待值，可以计算出极化子的基态能量 $E_0 = \langle \varphi_0 | H' | \varphi_0 \rangle$和激发态能量 $E_1 = \langle \varphi_1 | H' | \varphi_1 \rangle$。赝量子点中的电子基态和激发态能量为

$$E_0(\lambda_0) = \frac{3\hbar^2}{4m}\lambda_0^2 + \frac{3V_0}{2\lambda_0^2 r_0^2} + 2V_0\lambda_0^2 r_0^2 - 2V_0 - \frac{\sqrt{2}}{\sqrt{\pi}}\alpha\hbar\omega_{\mathrm{LO}}\lambda_0 R_0 - \frac{\sqrt{\pi}e^*}{2\lambda_0}F \tag{5.23}$$

$$E_1(\lambda_1) = \frac{5\hbar^2}{4m}\lambda_1^2 + \frac{5V_0}{2\lambda_1^2 r_1^2} + \frac{2}{3}V_0\lambda_1^2 r_0^2 - 2V_0 - \frac{3\sqrt{2}}{4\sqrt{\pi}}\alpha\hbar\omega_{\mathrm{LO}}\lambda_1 R_0 - \frac{\sqrt{\pi}e^*}{2\lambda_1}F \tag{5.24}$$

其中，$R_0 = \left(\frac{\hbar}{2m\omega_{\mathrm{LO}}} \right)^{\frac{1}{2}}$是极化子半径。通过变分方法计算 λ_0和 λ_1及计算本征能级和波函数。因此，一个二能级系统可以作为一个量子比特。叠加态表示为

$$| \psi_{01} \rangle = \frac{1}{\sqrt{2}} (| 0 \rangle + | 1 \rangle) \tag{5.25}$$

电子的量子态的时间演化

$$\psi_{01}(r,t)=\frac{1}{\sqrt{2}}\psi_0(r)\exp\left(-\frac{\mathrm{i}E_0t}{\hbar}\right)+\frac{1}{\sqrt{2}}\psi_1(r)\exp\left(-\frac{\mathrm{i}E_1t}{\hbar}\right) \tag{5.26}$$

在赝量子点中的电子的概率密度

$$\begin{aligned}Q(r,t)&=|\psi_{01}(r,t)|^2\\&=\frac{1}{2}[|\psi_0(r)|^2+|\psi_1(r)|^2+\psi_0^*(r)\psi_1(r)\exp(\mathrm{i}\omega_{01}t)+\\&\quad\psi_0(r)\psi_1^*(r)\exp(-\mathrm{i}\omega_{01}t)]\end{aligned} \tag{5.27}$$

其中，$\omega_{01}=\frac{E_1-E_0}{\hbar}$是基态和激发态之间的跃迁频率。电子的概率密度的振荡周期为

$$T_0=\frac{h}{E_1-E_0} \tag{5.28}$$

5.2.3 数值结果与讨论

本节将对 RbCl 晶体进行数值计算，计算中使用的实验参数为 $\hbar\omega_{LO}=21.639$ meV，$m=0.432\ m_0$，$\alpha=3.81$。在图 5-7 ~ 图 5-13 中，数值结果表明，外加电场 RbCl 赝量子点二能级量子系统概率密度 $Q(r,t)$ 与时间 t 和坐标 x，y，z，r，电子概率密度的振荡周期随电场、二维电子气的化学势、赝势零点和极化子半径变化关系。

图 5-7 表示了当电子处于叠加态时概率密度 $Q(x,t,T_0=7.472\ \text{fs})$ 随时间 t 和坐标 x 变化关系，相关参数选为 $F=5.0\times10^4$ V/cm，$V_0=10.0$ meV，$R_0=2.0$ nm，$r_0=1.0$ nm，$y=0.35$ nm，$z=0.35$ nm 和 $\cos\theta=1$。图 5-8 证明了当电子处于叠加态时概率密度 $Q(y,t,T_0=7.472\ \text{fs})$ 随时间 t 和坐标 y 的变化关系，相关参数选为 $F=5.0\times10^4$ V/cm，$V_0=10.0$ meV，$R_0=2.0$ nm，$r_0=$

1.0 nm, $x=0.35$ nm, $z=0.35$ nm 和 $\cos\theta=1$。图 5-9 表示了当电子处于叠加态时概率密度 $Q(x, t, T_0=7.472$ fs) 随时间 t 和坐标 z 变化关系，相关参数选为 $F=5.0\times10^4$ V/cm, $V_0=10.0$ meV, $R_0=2.0$ nm, $r_0=1.0$ nm, $x=0.35$ nm, $y=0.35$ nm 和 $\cos\theta=1$。图 5-10 表示了当电子处于叠加态时概率密度 $Q(x, t, T_0=7.472$ fs)随时间 t 和坐标 r，相关参数选为 $F=5.0\times10^4$ V/cm, $V_0=10.0$ meV, $R_0=2.0$ nm, $r_0=1.0$ nm 和 $\cos\theta=1$。从图 5-7~图 5-10 中可以看到，电子在 RbCl 赝量子点中以振荡周期振荡。从图 5-7 和图 5-8 也可以看出，概率密度随 y 坐标的变化而变化，而且由于赝量子点在 x, y 方向上存在对称结构，概率密度仅呈现单峰构型。这一结果与文献[26]和文献[27]中抛物线量子点的情况类似。从图 5-9 和图 5-10 可以看出，由于赝量子点在 z 方向和 r 方向存在不对称结构，电子概率密度呈现双峰构型，这一结果与非对称量子点和量子棒的结果一致。这种特性是由赝量子点中的赝势引起的。

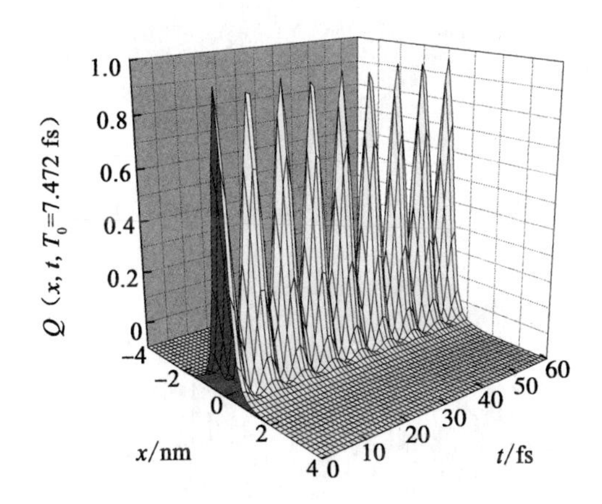

图 5-7 概率密度 $Q(x, t, T_0=7.472$ fs) 随着时间 t 和坐标 x 的变化规律

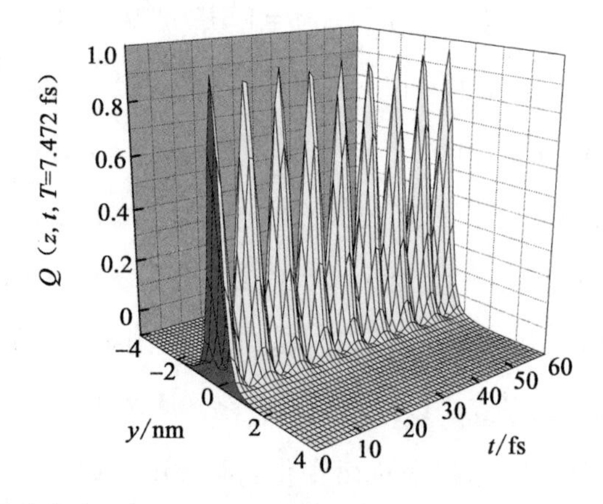

图 5-8　概率密度 $Q(x,\ t,\ T_0=7.472\ \mathrm{fs})$ 随着时间 t 和坐标 y 的变化规律

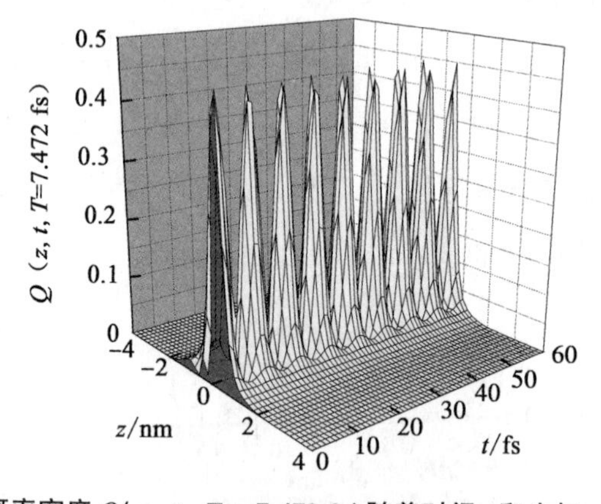

图 5-9　概率密度 $Q(x,\ t,\ T_0=7.472\ \mathrm{fs})$ 随着时间 t 和坐标 z 的变化规律

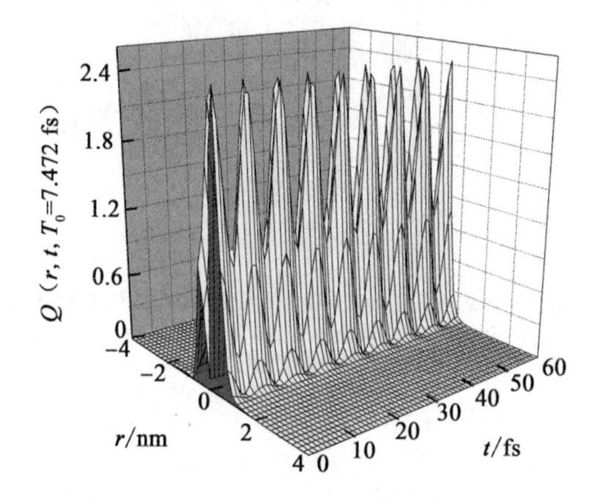

图 5-10　概率密度 $Q(x,\ t,\ T_0=7.472\ \mathrm{fs})$ 随着时间 t 和坐标 r 的变化规律

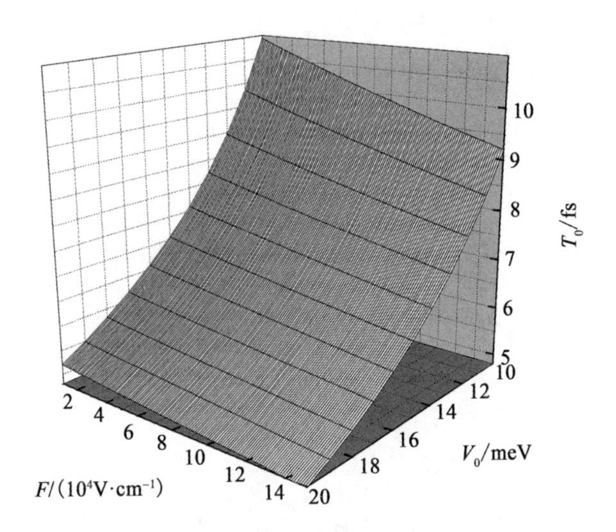

图 5-11　振荡周期 T_0 与电场 F 和二维电子气化学势 V_0 的变化规律

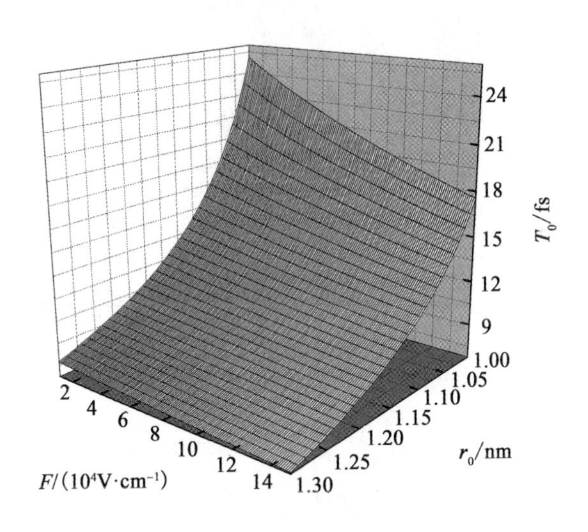

图 5-12　振荡周期 T_0 与电场 F 和赝势零点 r_0 的变化规律

图 5-11 表明振荡周期 T_0随电场 F 和二维电子气的化学势 V_0 的关系，相关参数选为 $R_0=1.0$ nm 和 $r_0=1.5$ nm。图 5-12 展示振荡周期 T_0 随电场 F 和赝势零点 r_0 的变化关系，相关参数选为 $V_0=20.0$ meV 和 $R_0=1.0$ nm，振荡周期随电场的增大而减小。电场对激发态的影响比基态电场的影响要弱，

电场造成激发态增加比电场促使基态的增加要小。研究结果表明，随着电场的增大，能级差增大，振荡周期减小。振荡周期是二维电子气化学势和赝谐势零点的递减函数。这是因为随着二维电子气和赝谐势零点的增大，激发态下二维电子气化学势和赝势零点的影响要比基态的影响小。因此，随着二维电子气体和赝谐势零点的增大，赝谐势之间的能量空间增大，振荡周期减小。

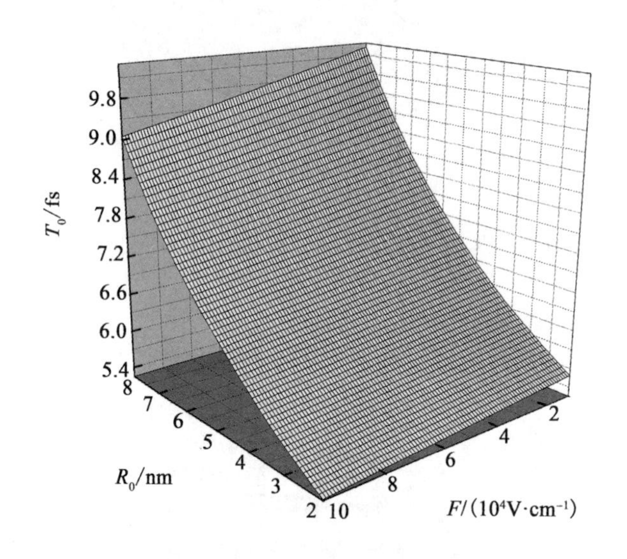

图 5-13　振荡周期 T_0 与电场 F 和极化子半径 R_0 的变化规律

在图 5-13 中，绘制了振荡周期 T_0 随电场 F 和极化子半径 R_0 的变化关系，相关参数选为 $V_0=20.0$ meV 和 $r_0=1.5$ nm。研究结果表明，振荡周期是极化子半径的递增函数。这是由于极化子半径在第一激发态下对量子阱极化子半径的影响比基态的影响小，在极化子半径减小的情况下，激发态极化子半径的增加比基态的增加小。因此，极化子的能量间距随极化子半径的减小而增大，振荡周期减小。这种特性是由赝量子点的赝谐势引起的。

可以通过改变上述物理量，如电场、二维电子气的化学势、赝势零点、极化子半径等来调整概率密度的振荡周期。这样，量子比特的寿命将会延长，因而，提出了一种抑制退相干的新方法。

5.2.4 小 结

在本章中，利用Pekar类型变分方法，研究了电场对量子阱中电子的概率密度和振荡周期的影响。可以看出，由于赝量子点存在不对称结构的 z 和 r 方向电子的概率密度呈现双峰结构，而电子受限在一个二维赝量子点 x 和 y 平面的对称结构显示只有单峰。振荡周期随电场的增大而减小。振荡周期是二维电子气化学势和赝势零点的递减函数，而它是极化子半径的递增函数。研究结果表明，电场、二维电子气化学势、赝谐势零点和极化子半径是研究量子阱量子比特特性的重要因素。

参考文献

[1] ALHASSID Y.The statistical theory of quantum dots[J].Reviews of modern physics, 2000, 72(4): 895-968.

[2] LUND-HANSEN T, STOBBE S, JULSGAARD B, et al. Experimental realization of highly efficient broadband coupling of single quantum dots to a photonic crystal waveguide[J]. Physical review letters, 2008, 101(11): 113903-1-113903-4.

[3] MIKHAILOV S A. Theory of electromagnetic response and collective excitations of a square lattice of antidots[J].Physical review B, 1996, 54(20): 14293-14296.

[4] PIGAZO F, GARCÍA F, PALOMARES F J, et al. Experimental and computational analysis of the angular dependence of the hysteresis processes in an antidots array[J].Journal of applied physics, 2006, 99(8): 08S503.

[5] KHORDAD R, MIRHOSSEINI B.Internal energy and entropy of a quantum pseudodot[J].Physica B: condensed matter, 2013, 420: 10-14.

[6] KHORDAD R. Effects of magnetic field and geometrical size on the interband light absorption in a quantum pseudodot system[J].Solid state sciences, 2010, 12(7): 1253-1256.

[7] SAKAKI H, YUSA G, SOMEYA T, et al. Transport properties of two-dimensional electron gas in AlGaAs/GaAs selectively doped heterojunctions with embedded InAs quantum dots[J]. Applied physics letters, 1995, 67(23): 3444-3446.

[8] MOREELS I, LAMBERT K, SMEETS D, et al. Size-dependent optical

properties of colloidal PbS quantum dots[J].ACS nano, 2009, 3(10): 3023-3030.

[9] VASILEVSKIY M I, ANDA E V, MAKLER S S.Electron-phonon interaction effects in semiconductor quantum dots: a nonperturbative approach [J]. Physical review B, 2004, 70(3): 035318-1-035318-14.

[10] TASAI T, ETO M.Effects of polaron formation in semiconductor quantum dots on transport properties[J].Journal of the physical society of Japan, 2003, 72(6): 1495-1500.

[11] MADHAV A V, CHAKRABORTY T.Electronic properties of anisotropic quantum dots in a magnetic field[J].Physical review B, 1994, 49(12): 8163-8168.

[12] BERNEVIG B A, HUGHES T L, ZHANG S C.Quantum spin hall effect and topological phase transition in HgTe quantum wells[J]. Science, 2006, 314(5806): 1757-1761.

[13] TAYLOR J P G, HUGILL K J, VVEDENSKY D D, et al. Electronic properties of compositionally disordered quantum wires [J]. Physical review letters, 1991, 67(17): 2359-2363.

[14] TAŞ H, ŞAHIN M. The electronic properties of a core/shell/well/shell spherical quantum dot with and without a hydrogenic impurity[J].Journal of applied physics, 2012, 111(8): 083702-1-083702-17.

[15] CHANG K, XIA J B. The effects of electric field on the electronic structure of a semiconductor quantum dot[J].Journal of applied physics, 1998, 84(3): 1454-1459.

[16] ZUHAIR M.Hydrostatic pressure and electric-field effects on the electronic and optical properties of InAs spherical layer quantum dot[J].Physica E: low-dimensional systems and nanostructures, 2012, 46: 232-235.

[17] PETER A J, LAKSHMINARAYANA V.Effects of electric field on electronic states in a GaAs/GaAlAs quantum dot with different confinements [J]. Chinese physics letters, 2008, 25(8): 3021-3024.

[18] BASKOUTAS S, PASPALAKIS E, TERZIS A F.Electronic structure and nonlinear optical rectification in a quantum dot: effects of impurities and external electric field [J]. Journal of physics: condensed matter, 2007, 19(39): 395024-1-395024-9.

[19] LI S S, XIA J B, LIU J L, et al.InAs/GaAs single-electron quantum dot qubit [J]. Journal of applied physics, 2001, 90(12): 6151-6155.

[20] GORMAN J, HASKO D G, WILLIAMS D A.Charge-qubit operation of an isolated double quantum dot [J]. Physical review letters, 2005, 95(9): 090502-1-090502-4.

[21] HAO X, YANG W X, LÜ X, et al.Polarization qubit phase gate in a coupled quantum-well nanostructure [J]. Physics letters A, 2008, 372(47): 7081-7085.

[22] PETERSSON K D, PETTA J R, LU H, et al.Quantum coherence in a one-electron semiconductor charge qubit [J]. Physical review letters, 2010, 105(24): 246804-1-246804-4.

[23] PEKAR S.Local quantum states of electrons in an ideal ion crystal [J]. Zhurnal eksperimentalnoi I teoreticheskoi fiziki, 1946, 16(4): 341-348.

[24] PEKAR S I. Untersuchungen über die elektronen-theorie der kristalle [M].Berlin: Akademie Verlag, 1954.

[25] DEVREESE J T, Polarons in ionic crystals and polar semiconductors [C].New York: North-Holland, 1972.

[26] LI W P, YIN J W, YU Y F, et al. The effect of magnetic on the properties of a parabolic quantum dot qubit [J]. Journal of low temperature

physics, 2010, 160(3): 112-118.

[27] LIANG Z H, XIAO J L.Effect of electric field on RbCl quantum pseudodot qubit[J].Indian journal of physics, 2018, 92(4): 437-440.

[28] DING Z H, SUN Y, XIAO J L.Optical phonon effect in an asymmetric quantum dot qubit[J]. International journal of quantum information, 2012, 10(7): 1250077-1-1250077-9.

[29] XIAO W, XIAO J L.Coulomb bound potential quantum rod qubit[J]. Superlattices and microstructures, 2012, 52(4): 851-860.